中国科协学科发展研究系列报告

中国科学技术协会／主编

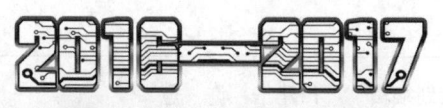

2016—2017
水土保持与荒漠化防治
学科发展报告

中国水土保持学会 ｜ 编著

REPORT ON ADVANCES IN
SOIL AND WATER CONSERVATION & DESERTIFICATION COMBATING

U0235991

中国科学技术出版社
·北京·

图书在版编目（CIP）数据

2016—2017水土保持与荒漠化防治学科发展报告 / 中国科学技术协会主编；中国水土保持学会编著 .—北京：中国科学技术出版社，2018.3

（中国科协学科发展研究系列报告）

ISBN 978-7-5046-7936-9

Ⅰ.①2… Ⅱ.①中… ②中… Ⅲ.①水土保持—学科发展—研究报告—中国—2016—2017 ②沙漠化—防治—学科发展—研究报告—中国—2016—2017 Ⅳ.①S157 ②P942.073

中国版本图书馆 CIP 数据核字（2018）第 041988 号

策划编辑	吕建华　许　慧
责任编辑	韩　颖
装帧设计	中文天地
责任校对	杨京华
责任印制	马宇晨

出　　版	中国科学技术出版社
发　　行	中国科学技术出版社发行部
地　　址	北京市海淀区中关村南大街16号
邮　　编	100081
发行电话	010-62173865
传　　真	010-62179148
网　　址	http://www.cspbooks.com.cn

开　　本	787mm×1092mm　1/16
字　　数	280千字
印　　张	11.25
版　　次	2018年3月第1版
印　　次	2018年3月第1次印刷
印　　刷	北京盛通印刷股份有限公司
书　　号	ISBN 978-7-5046-7936-9 / S·717
定　　价	58.00元

（凡购买本社图书，如有缺页、倒页、脱页者，本社发行部负责调换）

2016—2017

水土保持与荒漠化防治学科发展报告

首席科学家 王玉杰

专 家 组（按姓氏笔画排序）

丁国栋	于明含	马 超	王 平	王 彬
王云琦	方若柃	左长清	田 赟	史常青
冯 薇	刘 震	刘小康	关颖慧	杨文涛
李 莹	张 艳	张会兰	张守红	张志强
张洪江	周金星	赵媛媛	高广磊	程金花
赖宗锐				

党的十八大以来，以习近平同志为核心的党中央把科技创新摆在国家发展全局的核心位置，高度重视科技事业发展，我国科技事业取得举世瞩目的成就，科技创新水平加速迈向国际第一方阵。我国科技创新正在由跟跑为主转向更多领域并跑、领跑，成为全球瞩目的创新创业热土，新时代新征程对科技创新的战略需求前所未有。掌握学科发展态势和规律，明确学科发展的重点领域和方向，进一步优化科技资源分配，培育具有竞争新优势的战略支点和突破口，筹划学科布局，对我国创新体系建设具有重要意义。

2016年，中国科协组织了化学、昆虫学、心理学等30个全国学会，分别就其学科或领域的发展现状、国内外发展趋势、最新动态等进行了系统梳理，编写了30卷《学科发展报告（2016—2017）》，以及1卷《学科发展报告综合卷（2016—2017）》。从本次出版的学科发展报告可以看出，近两年来我国学科发展取得了长足的进步：我国在量子通信、天文学、超级计算机等领域处于并跑甚至领跑态势，生命科学、脑科学、物理学、数学、先进核能等诸多学科领域研究取得了丰硕成果，面向深海、深地、深空、深蓝领域的重大研究以"顶天立地"之态服务国家重大需求，医学、农业、计算机、电子信息、材料等诸多学科领域也取得长足的进步。

在这些喜人成绩的背后，仍然存在一些制约科技发展的问题，如学科发展前瞻性不强，学科在区域、机构、学科之间发展不平衡，学科平台建设重复、缺少统筹规划与监管，科技创新仍然面临体制机制障碍，学术和人才评价体系不够完善等。因此，迫切需要破除体制机制障碍、突出重大需求和问题导向、完善学科发展布局、加强人才队伍建设，以推动学科持续良性发展。

近年来，中国科协组织所属全国学会发挥各自优势，聚集全国高质量学术资源和优秀人才队伍，持续开展学科发展研究。从 2006 年开始，通过每两年对不同的学科（领域）分批次地开展学科发展研究，形成了具有重要学术价值和持久学术影响力的《中国科协学科发展研究系列报告》。截至 2015 年，中国科协已经先后组织 110 个全国学会，开展了 220 次学科发展研究，编辑出版系列学科发展报告 220 卷，有 600 余位中国科学院和中国工程院院士、约 2 万位专家学者参与学科发展研讨，8000 余位专家执笔撰写学科发展报告，通过对学科整体发展态势、学术影响、国际合作、人才队伍建设、成果与动态等方面最新进展的梳理和分析，以及子学科领域国内外研究进展、子学科发展趋势与展望等的综述，提出了学科发展趋势和发展策略。因涉及学科众多、内容丰富、信息权威，不仅吸引了国内外科学界的广泛关注，更得到了国家有关决策部门的高度重视，为国家规划科技创新战略布局、制定学科发展路线图提供了重要参考。

十余年来，中国科协学科发展研究及发布已形成规模和特色，逐步形成了稳定的研究、编撰和服务管理团队。2016—2017 学科发展报告凝聚了 2000 位专家的潜心研究成果。在此我衷心感谢各相关学会的大力支持！衷心感谢各学科专家的积极参与！衷心感谢编写组、出版社、秘书处等全体人员的努力与付出！同时希望中国科协及其所属全国学会进一步加强学科发展研究，建立我国学科发展研究支撑体系，为我国科技创新提供有效的决策依据与智力支持！

当今全球科技环境正处于发展、变革和调整的关键时期，科学技术事业从来没有像今天这样肩负着如此重大的社会使命，科学家也从来没有像今天这样肩负着如此重大的社会责任。我们要准确把握世界科技发展新趋势，树立创新自信，把握世界新一轮科技革命和产业变革大势，深入实施创新驱动发展战略，不断增强经济创新力和竞争力，加快建设创新型国家，为实现中华民族伟大复兴的中国梦提供强有力的科技支撑，为建成全面小康社会和创新型国家做出更大的贡献，交出一份无愧于新时代新使命、无愧于党和广大科技工作者的合格答卷！

2018 年 3 月

党的十八大报告把生态文明建设提到前所未有的战略高度，将建设生态文明纳入中国特色社会主义事业"五位一体"总体布局。水土保持与荒漠化防治是生态文明建设的重要内容，是全面建成小康社会的基础工程，中国水土保持学会有必要担负起建设生态文明的历史重任，充分发挥水土保持与荒漠化防治学科在生态文明建设中的重要作用。自20世纪50年代，在以关君蔚院士为代表的全体水保人的共同努力下，水土保持与荒漠化防治学科服务国家发展重大需求，在流域治理、林业生态工程、水土保持工程和荒漠化防治等领域做出了重大和突出的贡献。在建设生态文明和美丽中国的新时代背景下，水土保持与荒漠化防治学科如何继承和发扬学科优势、继续为国家生态环境建设事业服务是学科面临的重大机遇和挑战。

"十三五"开局之年，中国水土保持学会调动各方资源，梳理学科知识体系，形成了以综合报告和专题报告两部分为主要内容的《2016—2017水土保持与荒漠化防治学科发展报告》。综合报告总结了国内外水土保持与荒漠化防治学科的历史、发展现状及存在问题，从科学研究进展、学科队伍建设和社会服务三个方面归纳学科现状，并依据水土保持与荒漠化防治学科优势和特色，展望未来发展趋势。专题报告涵盖土壤侵蚀、流域治理、岩溶石漠化、山地灾害防治、林业生态工程五个专题方向，在总结国内外相关理论研究进程和最新进展的基础上，从不同时空尺度介绍了3S、示踪原子、次生监测、生物治理、工程治理、防护林体系、防护林模式优化、模型模拟等集监测、模拟、防治为一体的综合技术体系，并归纳了各学科方向的重大应用成果。中国水土保持学会根据中国科学技术协会文件要求，制定本报告框架。报告文献来源于公开发表的本学科领域国内外重点学术期刊文章，重要国际、国内学术会议文章及专利，引用遵循"严格引证"原则。

　　为保证报告的严谨性、系统性、完整性以及同行业的认可程度，学会于 2016 年 6 月 20 日成立了"水土保持与荒漠化防治学科发展研究课题组"，由中国水土保持学会秘书长王玉杰教授任首席科学家，同时成立了一个综合报告专家组和五个专题组，确定了首席专家组全面指导、专题分支主任委员责任制相结合的责任制度。在此，学会诚挚地向参与本报告研究工作的专家、学者表示深深的谢意，同时，也向为本书出版付出辛勤劳动的工作人员表示感谢！

　　由于水平及时间有限，报告对本学科中重大问题探讨的广度和深度有待进一步提高，不足之处，敬请读者批评指正。

中国水土保持学会

2017 年 12 月

目录
CONTENTS

序 / 韩启德

前言 / 中国水土保持学会

综合报告

专题报告

ABSTRACTS

Comprehensive Report

Reports on Special Topics

综 合 报 告

水土保持与荒漠化防治学科发展报告

一、引言

水土资源和生态环境是人类繁衍生息的根基，是社会发展进步过程中不可替代的物质基础和条件。实现水土保持的可持续利用和生态环境的可持续维护，是经济社会可持续发展的客观要求。严重的水土流失导致资源破坏、生态环境恶化，加剧自然灾害和贫困，危机国土和国家生态安全，严重制约经济社会的可持续发展。水土资源和生态环境作为可持续发展不可替代的基础性资源和重要的先决条件，是我国实施可持续发展战略急需破解的两大制约因素。水土保持与人类生存和发展有着十分密切的联系。水土保持所具有的"防灾减灾，保护和培育资源，恢复、调节与改善生态，推动经济发展，促进社会进步"等功能，使其在促进生态、经济与社会的可持续发展中具有独特优势和重要地位。搞好水土保持、防治水土流失是保护和合理利用水土资源、维护和改善生态环境不可或缺的有效手段，是可持续发展的重要保证。

水土保持与荒漠化防治学科（以下称水保学科）是一门多学科综合和交叉性学科，研究领域主要包括水土流失机理与过程调控、防护林体系空间配置与林分结构优化、荒漠化发生过程及防治技术、开发建设项目生态环境保护与工程绿化技术等。我国的水保学科发展起始较早，始于 1958 年。1981 年，国家批准建立了全国第一个水土保持硕士点；1984年，建立了全国第一个水土保持博士点；1989 年，水土保持与荒漠化防治学科被原国家教委确定为第一批国家级重点学科；2001 年，水土保持与荒漠化防治学科被教育部确定为国家级重点建设学科。

"十二五"期间，国家在水土保持立法、预防和治理等方面采取了一系列措施，在全国范围内开展了主要以小流域为单元、山水田林路统一规划的小流域综合治理工作，为加快推进生态文明建设和经济社会可持续发展提供了有力保障。2015 年 10 月，国务院批复了《全国水土保持规划（2015—2030 年）》，系统分析了我国水土流失防治现状和趋势，提出了全国水土保持区划、国家级水土流失重点防治区和全国水土保持工作的总体布局和主要任务，水土保持监测工作扎实推进，水土保持机构能力稳步提升，全国水土流失预警指标被纳入国家生态安全指标体系，新增水土流失治理面积纳入国家绿色发展指标体系，已作为国家生态文明建设评价考核的重要依据。尤其是党的十九大报告中提出了许多进行生态文明建设的举措，如"实施流域环境和近岸海域综合治理""完成生态保护红线、永久基本农田、城镇开发边界三条控制线划定工作"以及"健全耕地、草原、森林、河流、湖泊休养生息制度"等，都是在现有水保政策以及生态环境治理基础上的新的提升和具体化。报告中"统筹山水林田湖草系统治理"的说法，更是凸显了水土保持工作在生态文明建设中的重要地位。

水土保持是绿色发展的基石，是我国生态文明建设的重要组成部分。水保事业"功在当代、利在千秋"，在未来 10 ~ 20 年的时间内，我国将基本建成与经济社会发展相适应的水土流失综合防治体系，基本实现预防保护，重点防治地区的水土流失得到有效治理，生态进一步趋向好转。重点防治东北黑土区、北方风沙区、北方土石山区、西北黄土高原区、南方红壤区、西南紫色土区、西南岩溶区、青藏高原区 8 个区域。大力加强预防保护，扎实推进综合治理，全面提升监测与信息化水平，精心打造示范区建设，全力构建与生态文明建设要求相适应的制度机制，推进"山水林田湖草"系统治理。

本报告按照中国科协编制的学科发展报告规范，从学科的发展历史、现状、存在的问题、进展情况、人才培养和与社会服务的紧密性方面进行了系统整理，从土壤侵蚀、岩溶石漠化、山地灾害防治、林业生态工程等方面对近年水土保持与荒漠化防治的理论主要进展、技术研究和重大应用成果进行了梳理和述评，力求反映水保事业的总体进展和先进成果。

二、学科发展现状

（一）水土保持研究和学科发展历史

1. 水土保持科学研究发展历史

以水土保持基础理论研究为基础，随着水土保持监测技术、土壤侵蚀模拟以及计算机、遥感技术的发展，采用土壤侵蚀预报模型为防治水土流失和保护、改良、利用水土资源提供科学依据，是水土流失规律研究的重要内容。

国外对土壤侵蚀预报模型的研究可以认为是从 1877 年德国土壤学家 Ewald Wollny 进行定量化的土壤侵蚀统计模型研究开始，到 1965 年 W.Wischmeier 和 D.Smith 在对美国东部地区 30 个州 1 万多个径流小区近 30 年的观测资料进行系统分析的基础上提出的美国通用土壤流失方程（universal soil loss equation，USLE），再到 1997 年根据细沟间侵蚀和细沟侵蚀的原理及泥沙输移动力机制建立的修正通用土壤流失预报方程（revised universal soil loss equation，RUSLE）。USLE 形式简单、使用方便，但该模型所使用的数据主要来自美国洛基山山脉以东地区，仅适用于平缓坡地，使其推广应用受到限制。另外，由于该模型只是一个经验模型，缺乏对侵蚀过程及其机理的深入剖析，如仅考虑了降雨侵蚀力因子，而不考虑与侵蚀密切相关的径流因子，坡长与降雨、坡度与降雨等有关因子的交互作用也被忽略。RUSLE 的结构与 USLE 相同，但对各因子的含义和算法做了必要修正，同时引入了土壤侵蚀过程的概念，如考虑了土壤分离过程等。与 USLE 相比，RUSLE 所使用的数据更广、资料的需求量也有较大提高，同时增强了模型的灵活性，可用于不同系统的模拟。从 1985 年开始，美国农业部投入大量的人力物力进行水蚀预报模型的研究即 WEPP（water erosion prediction project）模型。WEPP 模型是新一代水蚀预报技术开发的计算机土壤侵蚀模型，是基于物理过程模型开发的计算机模型，可以模拟侵蚀过程、描述侵蚀的动态变化、估算土壤侵蚀时空分布，是指导水土保持措施优化配置、水土资源保护与持续利用的有效工具。在完善开发 WEPP 模型的同时，美国农业部农业研究局和自然资源保护局共同研究开发了浅沟侵蚀预报模型（ephemeral gully erosion model，EGEM），可用于预报单条浅沟的平均土壤侵蚀量。随着土壤侵蚀理论模型的应用，土壤侵蚀机理研究仍在继续。80 年代后，欧洲的 EUROSEM、LISEM、澳大利亚的 GUEST 等土壤侵蚀理论模型相继问世。

我国坡面土壤流失预报模型的研究包括经验模型和理论模型。1953 年，刘善建根据 10 年的径流侵蚀小区资料，首次提出了计算年度坡面侵蚀量的公式。早期的土壤侵蚀定量研究侧重于野外径流小区的试验研究，观测相同下垫面条件下不同降雨的侵蚀，或者相同降雨条件下不同下垫面的侵蚀。后来逐渐发展到室内试验研究，利用人工降雨开展单因素侵蚀相关研究，如降水、坡长、坡度、坡向、植被、土质等单要素与侵蚀的关系，并建立了不同形式的土壤侵蚀预报方程。60 年代以后，土壤侵蚀定量研究主要集中在雨滴溅蚀、坡面单因素侵蚀动能及侵蚀产沙方面。70 年代以后，美国通用土壤流失方程（USLE）对我国土壤侵蚀统计模型的研究产生了深远影响，我国开始注重土壤侵蚀的定量研究，研究了降雨特征、雨滴动能、溅蚀及降雨径流侵蚀力、植被盖度、微地形态因素与侵蚀量的关系，并取得一些有较大意义的成果。近年来，计算机技术的发展和核示踪技术的应用为土壤侵蚀的定量研究开创了空前的研究气氛和新领域，并取得了一大批成果。此外，还进行了小流域产沙量、洪水流量的估算和预报尝试。

与国外相比，我国土壤侵蚀理论模型的研究仍处在初期阶段，模型结构比较简单，模型思路基本都是借鉴国外经验发展起来的。1981 年，牟金泽、孟庆枚根据黄土丘陵沟壑区径流小区观测资料，建立了黄土丘陵区流域土壤侵蚀模型，为我国土壤侵蚀理论模型的建立作了一定尝试。谢树楠等人从泥沙运动力学的基本原理出发，建立了坡面侵蚀量与雨强、坡长、坡度、径流系数和泥沙中数粒径间的函数关系，并用黄河中游三个中等流域（裴加沟、韭园沟、偏关河）的侵蚀实测数据对模型进行了精度检验。汤立群根据黄土地区侵蚀产沙的垂直分带性规律，将流域划分为三个典型的地貌单元，分别进行水沙、泥沙输移及沉积演算；该模型充分借鉴了国外已有理论模型的思路和结构，模型结构简单明了、考虑因素较为单一，又充分考虑了黄土地区土壤侵蚀的垂直分带性规律，是目前国内较为理想的土壤侵蚀理论模型。蔡强国在充分考虑黄土丘陵沟壑区侵蚀垂直分带性的基础上，将流域土壤侵蚀模型划分为坡面、沟坡和沟道三个相互联系、相互影响的子模型。在坡面子模型中考虑了地表结皮、坡度、植被覆盖、耕作等因素对坡面径流和侵蚀泥沙的影响；在沟坡子模型中，对径流侵蚀、洞穴侵蚀、沟壁重力侵蚀和泻溜侵蚀进行了不同处理，建立了各自的定量模拟方程；而沟道子模型则根据实测的流域水沙资料，通过多元回归分析及数值优化方法建立了相应的预报模型，可以较为理想地模拟次降雨引起的土壤侵蚀过程。目前，我国学者已构建了适合坡面、流域、区域侵蚀特点的土壤侵蚀模型。在前人研究基础上，刘宝元、蔡国强等依据分布在不同类型区径流小区长期的观测资料和大量人工降雨模拟实验数据，构建了适合我国的坡面土壤侵蚀模型（chinese soil loss equation，CSLE）。在坡面模型研究基础上，依据小流域定位观测和模拟实验数据，修订了洪峰流量公式，构建了适合中国小流域分布的土壤侵蚀模型。结合坡面和小流域模型研究，在分析区域土壤侵蚀过程的基础上，集成了产沙、汇沙研究成果，建立了基于 GIS 的区域土壤侵蚀模型。该模型在地形因子尺度转换和多尺度模型集成方面取得了明显突破，被主管部门指定用于国家水利普查。

土壤侵蚀理论模型的建立在很大程度上依赖于对土壤侵蚀过程和机理的了解，近年来我国学者也开展了大量相关研究，在坡面水流动力特征、细沟侵蚀及其临界水动力条件、坡面挟沙能力等方面取得了部分研究成果，然而我国在该领域的研究仍然比较滞后，研究成果缺乏系统性，因此，我国土壤侵蚀理论模型的发展有待于更多土壤侵蚀机理方面研究工作的深入开展。我国正在逐步建设主要水蚀区土壤侵蚀过程观测与基础数据库，已构建了全国土壤侵蚀环境基础数据库框架和水土保持数据共享平台，编绘了《中国土壤侵蚀地图集》。目前，在机理研究方面进行了坡面水沙二相流侵蚀动力学过程研究，区别于清水动力学方程，坡面水沙二相流侵蚀动力学过程描述方程能够较好地模拟黄土区坡面侵蚀产沙过程及侵蚀量；并基于地统计学和 GIS 技术解析了全国及不同水蚀类型区的降雨侵蚀力时空演变与分布特征，进行水蚀区坡面水土流失阻控理论的研究；以及进行流域系统侵蚀产沙传递与坝控流域数值模拟等水土保持机理研究内容。

2. 水土保持学科发展历史

在欧洲"文艺复兴"后，阿尔卑斯山区森林的破坏导致山洪泥石流灾害严重，因此，1884 年在奥地利维也纳农业大学林学系建立起荒溪治理学科。明治维新后，日本曾向欧洲学习，建立起森林理水砂防工学，并成为农林、水利等高等院校必修课程。在美洲，美国成立后肆意开垦西部各州土地，导致 1934 年爆发了举世震惊的黑尘暴。

到了现代，以黄河流域为首的水土流失问题被我国老一代科学家所重视。建国初期，在学习苏联的热潮中，正值"斯大林改造大自然计划"问世，其理论依据是在继承 BB 杜库恰也夫、PA 柯斯特切夫和 BP 威廉士成就基础上建立起来的。我国翻译了《森林改良土壤学》《水利改良土壤学》和《农林改良土壤学》，并试讲了 1 年。随后，迎来苏联专家普列奥布拉仁斯基教授为师资进修班和研究生主讲森林改良土壤学，并延聘 1 年，期间由东北林区经西北黄土高原直到东南沿海等现地考察和研究。1945 年，少数农林院校开设了土壤侵蚀防治方面的课程。1952 年，成立北京林业大学（林学院）并开设水土保持课程。

我国的水土保持与荒漠化防治学科始建于 1958 年，由周恩来总理提议、国务院批准创建。北京林业大学是国内建立该学科最早的院校，学科奠基人关君蔚院士编写了新中国第一部"水土保持学"，确定了水土保持的知识体系框架、名词术语。之后在教学体系、课程建设和教材建设中均引领着国内同行前行。1980 年，成立我国第一个水土保持系，全国共有 5 所相关院校。1984 年，由国家教委批准了水土保持学科，1989 年被评为国家重点学科。

1992 年，我国成立了国内第一个水土保持学院，之后在全国发展至 10 所水土保持专业院校。至此，随着新中国的发展和基于人类可持续发展的需要，我国的"水土保持"从一门可有可无的选修课逐步发展成为重点专业课、水土保持专业、水土保持系、水土保持重点学科、水土保持重点开放实验室，直到现在的水土保持学院，整体上取得了长足的发展。

1994 年国家高等院校专业调整后，将"水土保持与荒漠化防治"确定为国家重点学科，包含水土保持与荒漠化防治两个方面的内容，是一个覆盖全部陆地国土的完整的应用基础学科。水土保持与荒漠化防治学科也是多学科结合的交叉性学科，属农学门类中的环境生态类专业，是我国目前仅有的三个环境生态类专业之一，与国家环境建设、生态安全和国土资源保护密切相关。2013 年，由教育部高等学校自然保护与环境生态类专业教学指导委员会制定《高等学校水土保持与荒漠化防治本科专业教学质量国家标准》，进一步规范了专业设置，形成了鲜明的专业特色。

（二）现状

1. 国外水土保持学科发展现状

由于世界各国的科技、文化发展水平不均衡以及水土流失危害特点存在差异，各国建立了具有本国特点的水土保持与荒漠化防治研究领域的科研单位和高等学校（表 1）。美国普渡大学、北卡罗莱纳州立大学、依阿华州立大学、加利福尼亚大学柏克利分校等均设有与水土保持相关的学科，主攻领域为土壤侵蚀和流域管理。在欧洲，德国的慕尼黑大学、哥廷根大学和奥地利维也纳农业大学的荒溪治理学科是中欧地区的代表性学科，专长于应用生物与工程措施防治山洪与泥石流。俄罗斯的莫斯科大学和圣彼得堡大学设有水利改良土壤和森林改良土壤等与水土保持相关的专业及学科。在亚洲，日本的东京大学、京都大学、北海道大学开设了砂防工程学科和专业。经过近 100 多年的发展，国外水土保持学形成了以欧洲荒溪治理学、日本砂防工程学和防灾林学、美国土壤保持学等为特色的水土保持学科体系。

表 1　国外高校开设相关水土保持专业情况

国别	水土保持学科体系	相关高等学校	研究方向
美国	水土资源保护、土壤保持、流域管理和复合农林	普渡大学	土壤保持
		加州大学、北卡罗莱纳州立大学、杜克大学、俄勒冈州立大学	水文
		林肯大学	土壤侵蚀
		依阿华州立大学	林业生态
		加利福尼亚大学柏克利分校	区域规划
加拿大	土壤侵蚀	新布伦瑞克大学	土壤侵蚀
		萨斯喀彻温大学、曼尼托巴大学	土壤
日本	砂防工程学、防灾林学	东京大学	森林水文
		京都大学	环境科学
德国、芬兰、奥地利	荒溪治理、河流土壤侵蚀、水土工程	慕尼黑大学	水土工程
		芬兰赫尔辛基大学	水文
		维也纳农业大学	荒溪治理
		哥廷根大学	林业生态
澳大利亚	水土资源保护	阿德雷德大学	水土资源保护
俄罗斯	水利改良土壤、森林改良土壤	莫斯科大学	土壤改良
		圣彼得堡大学	

另外，为适应学科发展及行业成熟发展的需要，世界水土保持协会于 1983 年在美国夏威夷成立，旨在为世界各国从事水土保持及其相关学科研究的专家、学者提供交流的平台，推动世界水土保持，保护水土资源。2003 年，世界水土保持协会在北京设立秘书处。截至目前，协会会员从 2002 年的 600 多名发展到现在的 1125 名，所覆盖的国家与地区从 60 多个发展至 82 个。

2. 我国水土保持专业发展历程

图 1 为我国水土保持专业发展进程。1952 年，北京林业大学（原北京林学院）率先开设水土保持相关课程。1958 年，北京林业大学成立了我国第一个水土保持专业。从此，我国有了专门培养水土保持专门人才的本科专业。1960 年，内蒙古林学院成立沙漠化治理专业。1980 年，北京林业大学成立我国第一个水土保持系，并分别于 1981 年和 1984

年成立全国第一个水土保持学科硕士点和博士点。随后，水土保持专业在全国范围内迅速发展，相关高等院校设立了水土保持、沙漠治理等有关专业。到80年代末，全国共有5所院校相继成立水土保持专业，包括北京林业大学、内蒙古农业大学（原内蒙古林学院）、西北农林科技大学（原西北林学院）、福建农林大学和山西农业大学（图2和表2）。1992年，北京林业大学成立我国第一个水土保持学院，也是世界上唯一一个水土保持学院。在1998年全国高等教育专业调整过程中，水土保持专业与沙漠治理专业合并为水土保持与荒漠化防治专业。随着水土保持科学的发展和社会对水土保持的进一步认识，水土保持教育事业得到了发展壮大，相关农林院校相继设立了水土保持与荒漠化防治专业。截至20世纪90年代末，全国发展至10所水土保持专业院校（图2和表2）。进入21世纪，开设水土保持与荒漠化防治专业的院校已发展至24所。

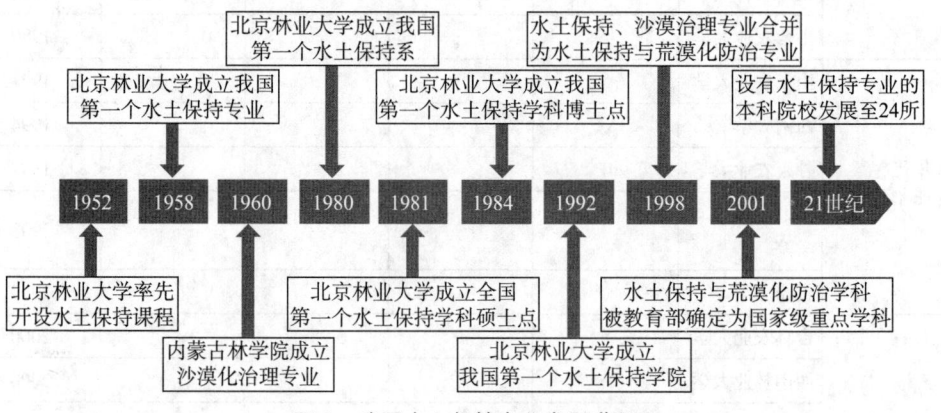

图 1　我国水土保持专业发展进程

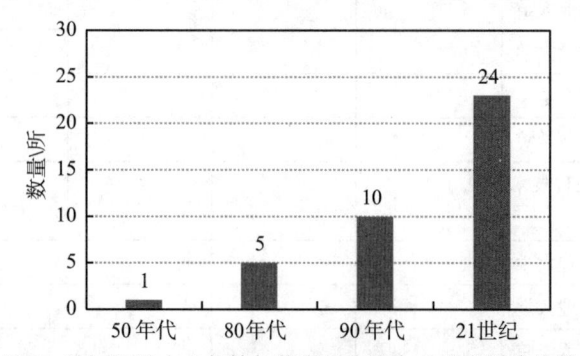

图 2　我国开设水土保持与荒漠化防治专业的本科院校数

3. 中国高等学校水土保持与荒漠化防治专业发展现状

（1）本科教育。随着我国高等教育对水土保持与荒漠化防治学科的重视增强，该学科地位得以不断巩固。据统计，设有水土保持专业的本科院校从50年代的北京林业大学1所高校发展至西北农林科技大学、内蒙古农业大学、南京林业大学、东北林业大学等24所高校（图2和表2）。目前，24所院校的水土保持与荒漠化防治专业高等院校在校本科生人数达 4750 人，2016 年本科生毕业人数为 1274 人。另外，在我国台湾地区中兴大学、屏东科技大学均设有水土保持系。

表 2　我国本科院校开设水土保持与荒漠化防治专业情况

时间	高校名称	"211"工程	"985"工程	一流学科	一流大学	专业成立年份
50 年代 （1 所）	北京林业大学	√		√		1958
80 年代 （4 所）	内蒙古农业大学					1983
	西北农林科技大学	√	√		√	1984
	福建农林大学					1988
	山西农业大学					1989
90 年代 （5 所）	山东农业大学					1991
	西南大学	√				1994
	甘肃农业大学					1997
	华北水利水电学院					1998
	贵州大学	√				1999
21 世纪 （14 所）	吉林农业大学					2000
	西南林业大学					2000
	南京林业大学					2001
	沈阳农业大学					2002
	四川农业大学	√				2003
	黑龙江大学					2003
	西藏农牧学院					2003
	辽宁工程技术大学					2003
	云南农业大学					2003
	新疆农业大学					2003
	南昌工程学院					2004
	黑龙江八一农垦大学					2007
	安顺学院					2011
	中南林业科技大学					2014

备注：黑龙江大学已于 2015 年取消水土保持与荒漠化防治专业的本科招生。

（2）研究生教育。1962 年，北京林业大学（原北京林学院）开始招收水土保持学科研究生，并于 1981 年被批准为全国第一个水土保持学科硕士点，1984 年被批准为全国第一个水土保持学科博士点。全国现有北京林业大学、西北农林科技大学、北京师范大学、中国农业大学、中国科学院水利部水土保持研究所、中国科学院南京土壤研究所、中国水利水电科学研究院、中国林业科学研究院等 46 所高等院校招收水土保持与荒漠化防治硕士研究生，而 80 年代初仅有北京林业大学、西北农林科技大学与内蒙古农业大学设立硕士点（表 3）。全国现有北京林业大学、中国农业大学、西北农林科技大学等 14 所高等院校及研究院所设有水土保持与荒漠化防治博士点。据统计，现有高等院校和科研机构研究生人数为 1584 人，其中硕士生占 82.75%、博士生占 17.25%，2016 年毕业研究生人数为 463 人。

表3　我国高等院校、科研院所建立水土保持与荒漠化防治专业硕士和博士点情况

序号	高等院校和科研机构名称	博士点学科建立年份	硕士点学科建立年份
1	北京林业大学	1984	1981
2	内蒙古农业大学	2001	1984
3	西北农林科技大学	2000	1986
4	中国科学院水利部水土保持研究所	—	1990
5	东北林业大学	2001	1997
6	南京林业大学	1998	1998
7	福建农林大学	2006	1999
8	湖南师范大学	—	2000
9	山西农业大学	—	2000
10	四川农业大学	—	2000
11	山东农业大学	—	2001
12	中国科学院新疆生态与地理研究所	—	2002
13	中国农业大学	2006	2002
14	中南林业科技大学	2006	2003
15	甘肃农业大学	2006	2000
16	沈阳农业大学	2013	2003
17	中国林业科学研究院	2004	2003
18	北京师范大学	—	2003
19	陕西师范大学	—	2003
20	四川大学	—	2003
21	西南大学		2004

续表

序号	高等院校和科研机构名称	博士点学科建立年份	硕士点学科建立年份
22	中国科学院南京土壤研究所	—	2004
23	长安大学	—	2005
24	河北农业大学	—	2005
25	兰州交通大学	—	2006
26	西安理工大学	—	2006
27	贵州大学	—	2006
28	华中农业大学	—	2006
29	西南林业大学	2011	2006
30	辽宁工程技术大学	—	2006
31	华北水利水电大学	—	2006
32	云南农业大学	—	2006
33	福建师范大学	2011	2006
34	山西大学	—	2007
35	新疆农业大学	—	2008
36	西藏农牧学院	—	2011
37	浙江农业大学	—	2011
38	江西农业大学	—	2011
39	湖北民族学院	—	2011
40	西华师范大学	—	2011
41	仲恺农业工程学院	—	2013

注："—"代表无博士点。

由于水土保持专业是一个交叉学科，各部门和不同学者对此有不同的理解，此外不同省份的水土保持任务和要求以及对学生培养的规格要求不同。因此，虽然同为水土保持与荒漠化防治专业，但各院校的人才培养标准并不统一，根据各自的教学科研工作基础和现有的办学条件等保持了各自的办学特色，从而使水土保持的培养目标和课程体系呈现出多样化的局面。现大体存在以下三种类型：

第一种类型是以北京林业大学和西北农林科技大学为代表的院校。这类学校专业开办时间较早、办学条件好、师资力量较强，在流域管理、林业生态工程、荒漠化防治工程等方面形成了强有力的教学科研队伍；面向全国招生且学生就业渠道多样化。在教学改革中，在保持以往重视专业学术理论水平培养特点的基础上强调加强实践教学、增加选修课的数量和相应学时数、加强学生能力和综合素质的培养，以复合应用型和拔尖创新型人才培养为主。

第二种类型是以华北水利水电学院和南昌工程学院为代表的院校。这两所院校工程技术课程的师资力量较强，学生毕业后所从事的工作以具体的水土保持与荒漠化防治工程技术管理为主。因此，在教学改革中以工程应用型人才的培养为主。

第三种类型以甘肃农业大学、沈阳农业大学、西南林业大学和南京林业大学为代表。这类学校近年来工程技术课程及综合性教学环节有所加强，毕业生所从事的工作以西北、西南和东北地区林业生态工程建设和荒漠化防治为主。因此，在教学改革中更注重理论与实践的结合，特别是以培养本地区急需的水土保持与荒漠化防治专业高级人才为主。

（3）师资队伍。水土保持是一项综合的系统工程，涉及农、林、牧、水、土、经济学、社会学等众多领域，需要自然地理学、土壤学、生态学、生物学、地图学与地理信息系统、土木工程、环境科学、经济学等众多学科的支撑。该领域广开门路，吸纳和引进不同学科的人才，形成了一支高水平综合性学术队伍。据统计，我国现有水土保持高等教育专任教师 407（统计结果仅包括表 1 和表 2 中设立水土保持与荒漠化防治专业的本科和研究生高等院校和科研院所）人，其中，教授占 29%、副教授占 36%、讲师占 22%、其他占 13%，院士 3 名。

（4）课程体系。课程及课程设置在教学方案制定中处于非常重要的地位，或者说是教学方案得以具体落实的关键措施。然而课程设置又是一项相当复杂的系统性工作，受到多种因素的制约。1999 年，北京林业大学王礼先教授主持完成的"面向 21 世纪环境生态类专业教学改革"项目，将水土保持与荒漠化防治本科专业的课程划分为公共基础课、基础课、专业基础课、专业课、公共基础类选修课以及专业基础和专业选修课 6 大类。此后，随着专业结构和层次的不断完善以及社会发展对人才需求的多样化、多类型特征的日益显现，再加上大学毕业生自主择业的就业形势成为主流，在原来的水土保持与荒漠化防治本科专业课程分类基础上，又不断增添了新的课程分类名称和新内容。以北京林业大学、西北农林科技大学、甘肃农业大学、内蒙古农业大学、山西农业大学、黑龙江大学、吉林农业大学、沈阳农业大学、辽宁工程技术大学、山东农业大学、西南大学、四川农业大学、贵州大学和南昌工程学院 13 所高等院校为例，其水土保持与荒漠化防治本科专业培养方案中的课程体系设置见表 4。从目前收集到的资料看，从基础教育到专业教育，各院校的课程分类系统差异明显。

课程学时是课程设置的基本单元，具有重要地位。课程学时的确定除了受课程本身内容的多寡、授课方式等因素的影响之外，还与课程体系中课程门数的多少有关。而课程的数量主要受人们对专业内涵和高等教育层次结构特点的理解以及社会需求与本科教育的科学对接等因素的影响。总体来说，课程学时并不是越多越好，关键是要设置得科学适度（表 5）。

表4 水土保持与荒漠化防治本科专业课程的一级分类

学校名称	课程体系一级分类名称				
北京林业大学	通识教育	学科基础教育	专业教育	综合拓展环节	
西北农林科技大学	通识类	学科类	综合实践	创新与技能	
甘肃农业大学	通识教育	基础教育	专业教育	实践教学和个性化教育	
内蒙古农业大学	公共课	基础课	专业课	实践教学	
山西农业大学	通识基础课	学科基础课	专业课	实践教学	
吉林农业大学	基础课	专业课	实践教学		
沈阳农业大学	公共课	学科基础	专业基础课	专业课	实践教学环节
辽宁工程技术大学	普通教育	专业教育	实践教学		
山东农业大学	通识教育课	学科类基础课	专业核心课	实践教学	
西南大学	通识教育课	学科基础课	专业发展课	实践教学	自主创新学习
四川农业大学	基础教育	专业类群教育	专业选修课	实践教学	
贵州大学	通识教育课	学科大类课	专业课	个性课	第2课堂
南昌工程学院	通识课	学科基础课	专业课		

表5 水土保持与荒漠化防治本科专业主要课程的学时分配

课程名称	学时			样本数
	最多	最少	平均	
生态学	48	32	40	13
水文学	54	32	40	13
水力学	62	32	48	13
土力学	62	32	40	11
工程力学	64	40	54	9
气象学	48	32	38	13
土壤学	64	28	46	13
地质地貌学	48	32	42	13
水土保持植物学	64	32	50	13
计算机应用	42	24	33	12
GIS 技术与应用	56	24	42	11
土壤侵蚀学	56	26	45	13
水土保持工程学	72	32	51	13

续表

课程名称	学时			样本数
	最多	最少	平均	
林业生态工程学	62	24	48	12
荒漠化防治工程学	64	24	42	11
水土保持规划学	56	24	39	13
开发建设项目水土保持	54	24	35	12

通过调查发现，大部分院校水土保持与荒漠化防治专业形成了以土壤侵蚀学、水土保持工程学、荒漠化防治工程学、林业生态工程学、水土保持规划学和开发建设项目水土保持6门课程为核心，以生态学、水文学、水力学、土力学、工程力学、气象学、土壤学、地质地貌学、水土保持植物学、计算机技术应用和 GIS 技术与应用 11 门课程为支撑的课程体系。由表 5 可以看出，不同院校相同课程的学时分配差异悬殊，这可能与各高等院校的师资结构和办学理念有关，也是导致水土保持与荒漠化防治本科专业人才培养规格难以对比衡量的主要原因。

三、国内外研究进展

（一）基础理论主要进展

1. 水力侵蚀

Smith 和 White 提出了一个由坡长、坡度、作物轮作、土壤类型、土壤保持措施等因子组成的土壤侵蚀预报方程，但该方程并未独立考虑降雨的影响。Wischmeier 和 Smith 分析雨滴末速度报告，提出描述一次暴雨动能回归方程，表明暴雨时土壤流失量与总动能和最大 30 分钟雨强的乘积之间有很强相关性，并将其定义为降雨侵蚀力。随后，Wischmeier 和 Smith 与其他学者提出通用土壤流失方程 USLE，该模型用 6 个因子（降雨和径流侵蚀力、土壤可蚀性、坡长、坡度、作物管理以及水土保持措施）乘积量化土壤侵蚀量。通用方程是迄今为止运用最为广泛的土壤侵蚀预测模型。根据细沟间侵蚀及细沟侵蚀的原理及泥沙输移的动力机制，建立了修正的通用土壤流失预报方程，即 RUSLE。Toy 等将 RUSLE 应用到估计一些特殊条件下（如矿山等开发建设项目）的土壤侵蚀量。

在通用方程研究基础上，美国农业部进行水蚀预报模型（WEPP）的研究。WEPP 模型基于新一代水蚀预报技术，是迄今为止描述水蚀相关物理过程参数最多的模型。在完善开发 WEPP 模型的同时，美国农业部农业研究局和自然资源保护局共同研究开发了浅沟侵蚀预报模型（ephemeral gully erosion model，EGEM），该模型可用于预报单浅沟年平均土壤侵蚀量。

坡面径流侵蚀及输沙取决于坡面径流水力学特征。由于坡面径流形成的复杂性、运动的非限定性、非均匀性、流态沿程的易变性、边界条件的特殊性等，以致无法对坡面径流的水力学特性进行详细描述，从而影响坡面径流侵蚀及输沙力学机理的研究。Forster 和 Meyer 提出用径流有效剪切力的概念表达径流的侵蚀力。Finskner 等的研究认为，坡面径流的侵蚀力与坡面比降和用于分散土壤颗粒的那部分径流总水力深度有关。坡面径流具有分散土壤颗粒和输移侵蚀土壤颗粒两方面的作用。一般认为，当坡面径流侵蚀力大于土壤颗粒分散临界剪切力时，土壤就会发生分散。Foster 和 Nearing 等指出，只有在径流中的含沙量小于径流输沙能力的条件下，分散才会发生。大量实验结果表明，坡面径流的输沙能力和坡面坡度成正相关、与植被成负相关。坡面径流的输移能力是径流动力因子、边界条件的水力因子（包括雨滴打击的作用）及泥沙本身特性的函数。

国内学者也分别从天然降雨雨滴特性、降雨动能试验、侵蚀性降雨标准、降雨侵蚀力指标、土壤的降雨入渗性能、土壤抗蚀性等方面研究了坡面径流侵蚀机理。

2. 流域管理

当前，流域管理日益被认为是水资源进行有效管理的重要方式之一。流域管理的优势在于：① 便于规定河流所经各省、市、自治区和地区的用水定额，保证下游有足够、可用的水资源，实现资源共享，同时为生态环境保留必须的流量；② 便于规定各地的污染物排放总量定额，避免上游排污、下游承受的现状，确保下游的水质质量和用水安全；③ 便于实施水资源用水补偿制度。

国外流域管理经验表明，流域管理需要采用国营或以国营为主的方式，由政府大力支持，对水资源进行综合规划和按流域综合管理，同时要重视公众参与。Muste 等提出综合规划和利益相关者参与方法用于流域管理规划中，并在爱荷华州东部河流流域实践，实现了流域水土保持和流域农业生产规模经济效益。Mohammad 等运用场景开发框架模型，开发和应用在美国亚利桑那州佛得角河流域，提出保持当地水资源的可持续可改变水的消费习惯和行为模式，并指出利益相关者参与是建立模型的关键。我国学界认为应建立具有综合职能的"流域管理委员会"。李启家、姚似锦从运行机制角度提出流域管理机制是由多元决策机制、权力制衡机制、经济调控机制、民主协商和公众参与机制四种机制构成的制度系统。

3. 重力侵蚀

从目前的研究状况来看，社会对重力侵蚀的关注主要集中于产生土石量较大的重力侵蚀，如滑坡、崩塌以及泥石流等，这类重力侵蚀的发生往往造成较严重灾害。在此方面，最早系统开展研究的是瑞士学者 Heim。1932 年，Heim 描述了瑞士的 Elm 滑坡中岩崩—碎屑流的运动学现象。Hsu 为 Elm 滑坡再次撰文，认为碎屑流机制是解释该滑坡的最好理论。Sassa 提出沟谷中饱水的滑坡物质由于受到来自于斜坡上方失稳块体的荷载，在不排水条件下发生液化的启动机理。此后，各国学者对岩土体的失稳、解体、运动机理等方面开展了一系列研究，对影响岩土体稳定性的各种因素的变化和相互作用有了一定了解，并在滑坡、崩塌的观测记录、室内外实验等方面做了大量工作。

岩土体稳定性实质是岩土体滑动力与阻滑力对抗的结果。在外界因素中，以水对岩土体稳定性影响尤为突出。胡明鉴等从决定滑坡稳定性的物质条件、结构条件和影响滑坡稳定性的环境条件及雨强、降雨量、降雨入渗、土体力学性质改变等方面阐述降雨对滑坡的作用过程，研究表明黏聚力、内摩擦角与含水率呈线性递减关系。Alonso 等分析了降雨入渗对边坡稳定性的影响，结果表明高降雨强度和低渗透性的参数组合可导致降雨后安全系数的降低。Shimada 等用有限元法模拟了不同降雨强度和土类型的条件下二维非饱和渗流并进行了边坡稳定性数值分析，结果表明较高降雨强度引起安全系数的显著降低，渗透性函数对边坡安全系数降低影响较小，接近饱和时基质吸力较小改变可引起边坡安全系数大幅度降低，其实质就是土壤含水量影响边坡的稳定性。Jordi 等研究了降水与大型滑坡之间的关系，发现前期降水量对诱发大面积滑坡是十分重要的参数，并且随着前期降雨时间的增长，后期诱发滑坡所需降雨量将减少。另外，郑书彦等利用有限元法对滑坡过程进行仿真，模拟滑坡的破坏过程。但由于模型所需的大量力学和几何参数在流域范围内的不易获得性，在重力侵蚀模拟中应用困难，计算精度难以保证。

对于重力侵蚀的另一种表现形式——河岸崩塌也有相应的研究。如 20 世纪 70 年代中期，以色列学者 Frydman 等进行的河岸失稳模拟试验分析了土体滑移面以及岸坡土体的位移与应变；80 年代后，英国学者提出各类岸坡崩塌较为完整的物理模式。Millar 等具体探讨了河岸土体颗粒粒径和内摩擦角两个关键因素对河岸稳定性的作用；荷兰多位学者对河海岸坡稳定问题也进行了专题研究。1982 年，英国人 Thorne 等提出岸坡崩塌的各类模式，通过建立土坡稳定理论模型提出岸坡临界失稳状态下安全系数表达式。此后，Darby 等提出考虑因素更为全面的计算公式，不仅有坡度、土体组成及其分层情况等物理因素，也有水流冲刷、渗流（孔隙水压力）作用等动力因素；结果表明水流冲刷常使岸坡失稳，并引发大体积的崩塌。在河道横向展宽模拟方面，主要以 Nagata 提出的河道展宽模型为代表，其展宽（崩塌）过程是一个冲刷—崩塌—淤积的循环过程。岳红艳等利用层次分析法，根据长江中下游崩岸段资料对崩岸影响因素进行排序，其中排在首位的是纵向水流冲刷，其次为横向环流和回流的淘刷，说明水流冲刷是崩岸最主要的影响因素。

这些研究基本都是针对较大土石量的重力侵蚀开展的，为揭示重力侵蚀的发生机理、预报和防治地质灾害作出了贡献，同时为开展土壤侵蚀过程模拟研究、对重力侵蚀这一子过程进行进一步的研究打下一定基础。但由于所针对的对象不同，局部的滑坡、崩塌、泥石流等远小于流域土壤侵蚀的范围，这类研究成果很难直接用于流域土壤侵蚀计算。

4. 风力侵蚀

（1）国外关于土壤风蚀理论的研究，到目前为止大致可以划分为四个阶段。

第一阶段：20世纪30年代以前。该阶段是土壤风蚀感性认识的阶段，多是通过考察或是探险而逐渐积累起来的。虽然这一阶段的风蚀观察或是研究相对简单，研究工作具有很大的描述性、缺乏系统性，但为进一步的研究提供和积累了原始素材。Ehrenberg在1847年描述了从非洲输送到欧洲的大气粉尘；Blake在1855年认识到荒漠区风沙流的磨蚀作用；奥布鲁切夫1895年分析了中亚地区的风化和吹扬作用，注意到风沙对岩石的磨蚀作用。探险家S.A.Hedin在1903年用"雅丹"一词来描述垄脊等风蚀地形。C.P.Berkey和K.M.Frederick在1927年不仅提出了"戈壁侵蚀面"的概念，而且认为风力是地形变化的动因。E E.Free在1911年研究了风使土壤移动的问题，他用"跃移"与"悬移"两个词来表征土壤颗粒的移动特征。

第二阶段：20世纪30年代至50年代。这一阶段是风蚀研究从感性向理性发展与转化的阶段，风蚀研究先后在风沙搬运机制等许多方面取得了重要进展。R.A.Bagnold开辟了风沙研究的新纪元，他应用当时已经建立的现代流体力学原理，建立了"风沙和荒漠沙丘物理学"的理论体系，成为此后风力侵蚀—搬运—沉积过程和风沙形态发育研究的重要理论基础，从而使得风蚀研究进入了动力学研究的新领域。

第三阶段：20世纪60年代至70年代。这一阶段在广度上继续进行了土壤风蚀的研究，W.S.Chepil与N.P.Woodruff在1963年研究了田间第一次风蚀的磨蚀量与风速之间的定量关系，还研究了植被覆盖与土壤风蚀之间的关系，同时还探讨了植被对风蚀的屏障作用。在进行上述研究的同时，此阶段最为重要的事件就是在总结以往研究成果的基础上集成并提出了著名的土壤风蚀方程，这可以称得上是土壤风蚀研究历史上的具有里程碑意义的重要事件，这一风蚀方程的提出成为风蚀研究实现从现状研究向预测研究、从理论研究向实践应用转变的重大标志。

进入20世纪60年代，土壤风蚀研究逐渐从理论研究向应用研究转变，W.S.Chepil与N.P.Woodruff总结了20多年来在美国大平原地区的研究成果。在此基础上，N.P.Woodruff和F.H.Sid–doway建立了世界上第一个通用风蚀方程（WEQ），该公式可用于计算在当地气候条件下任一田块的潜在风蚀量。WEQ模型可表示为$E=f（I，C，K，L，V）$，式中：E为土壤年风蚀量$[t/（hm^2 \cdot a）]$；I为土壤可蚀性（t/hm^2）；C为气候因子；K为土壤粗糙度因子；L为田块裸露长度（m）；V为植被因子。

第四阶段：20世纪80年代至今。在广度与深度上继续进行了土壤风蚀的研究工作。在进行上述研究工作的同时，关于土壤风蚀预报模型问题的研究则是本阶段的一个重心。WEQ模型的建立虽然具有重要的意义并被广泛应用，但是随着时间的推移，这一模型的局限性也是客观存在的，其他研究者们或是出于对该模型应用过程中利弊的考虑，或是出于自身的研究视角，20世纪80年代以来，构建了其他一些土壤风蚀预报模型和预测系统，从而使20世纪80年代后成为土壤风蚀预报模型和预测系统相对快速发展的时期。其间比较有影响的模型和预测系统主要有：① 美国农业部推动建立的风蚀预报系统

（WEPS），WEPS 是一个以过程为基础的运用最基本风蚀原则的计算机模拟模型，WEPS 总结了已有的研究成果，是目前为止风蚀预报中最完整、技术手段最先进的模型系统；② 修正风蚀方程（RWEQ），鉴于 WEQ 在气候等方面的局限性，修正 WEQ 成为必然趋势，由此导致了 RWEQ 的产生，RWEQ 的设计目的是通过简单的变量输入来计算农田的风蚀量；③ 得克萨斯侵蚀分析模型（TEAM），TEAM 模型将理论分析与实地观测相结合，开辟了理论模型与经验模型相结合的新思路，但模型过于简单，并不能表达出自然界中客观存在着的复杂非线性过程。④ 其他，除了上述一些模型，其间还产生了其他一些风蚀预报模型。例如，苏联 A.P.Bocharov 在 20 世纪 80 年代初提出的 Bocharov 模型，该模型将在现代风蚀过程中扮演着十分重要角色的人类活动因素考虑在内，虽然该模型没有给出人类活动因素的定量描述，但是却为风蚀预报模型的建立提供了创新性的思路。

通过以上对国外风蚀研究进展的划分，大致勾勒出了国外土壤风蚀研究由最初的感性认识到理性认识（定量研究）、再由现状研究到预报研究的主线。概括而言，土壤风蚀科学已经在风蚀动力学、风蚀影响因子、风蚀测定、预报与评估模型、土壤风蚀强度分级以及风蚀防治技术等多个角度进行了大量的卓有成效的研究工作。

（2）国内关于土壤风蚀的研究，到目前为止大致可以划分为三个时期：

第一阶段：20 世纪 50 年代以前。中国学者对风蚀现象的关注距今已有 2000 多年的历史。公元前 1150 年的文献中就出现了对"雨土""黄沙"等风沙灾害现象的文字记载。东汉时期的著名史学家班固在其所著的《后汉书·西域志》中用"白龙堆"一词描述了罗布泊一带的雅丹地形。北魏地理学家郦道元最早用"浍其崖岸，馀溜风吹"解释罗布泊一带雅丹地形的形成原因。到了清代，一些地方官员开始采用风蚀防治措施来保护耕地和灌溉设施。可见，20 世纪 50 年代以前，中国关于土壤风蚀的认识还非常少，还处于非常感性的时期。

第二阶段：20 世纪 50 年代至 70 年代。新中国成立后，我国在一片空白的沙漠科学领域里开始了努力，出于生产实践的需要，在 20 世纪 50 年代进行了固沙造林、沙地改良等研究。1959 年，成立了中国科学院治沙队，从而掀开了中国有史以来对沙漠进行系统研究的新篇章。通过此阶段的努力，中国科学院治沙队对我国各大沙漠不仅进行了综合考察，建立了数个治沙实验站和中心站，而且基本查清了中国十大沙漠、沙地的自然条件和主要特征。此阶段的研究工作还是处于定性的描述阶段，基本的研究方式是对我国十大沙漠、沙地基本情况的调查，填补了"某地有某沙漠（地），某沙漠（地）具有某特征"的研究空白，代表性成果主要有《中国沙漠概论》等。

第三阶段：20 世纪 80 年代至今。在继续进行中国沙漠资源清查工作的同时，中国的风蚀研究逐渐开始由定性研究向半定量、定量的风洞实验研究转变。在沙漠化研究方面，通过朱震达等研究工作的开展，基本揭示了中国北方干旱、半干旱地区土地沙漠化的类型、主要特征及其发生、发展过程，基本查明了中国沙漠化现状、分布特征及其危害与原

因，并制定了沙漠化的指标体系。从中国土壤风蚀研究的发展过程不难看出，中国现代科学意义上的土壤风蚀研究在时间上比国外大致晚了三四十年的时间，由此也造成了中国的土壤风蚀研究无论在广度上还是深度上与国外相比均有较大差距。虽然国内目前已经在风沙地貌与沙漠化、风蚀动力学、风蚀影响因子、风蚀测定与评估模型、土壤风蚀强度分级以及风蚀防治技术等多个角度进行了一定的研究工作，但是在土壤风蚀研究方面还基本上局限在对流沙和固定风沙土、灰钙土、栗钙土等少数土类的少数风蚀影响因素的研究，不仅在土壤理化性质对土壤风蚀的影响机制方面缺乏有力研究，而且在土壤风蚀的预报与预测研究方面基本处于零起步的阶段。所以，大力发展与推动中国的土壤风蚀研究时间紧迫，任重道远。

5. 城市水土保持

城市水土保持是在 20 世纪 90 年代伴随着城市水土流失问题的日益严峻而被提出的，是水土保持学科的一个新分支。城市水土流失实际上是城市化过程中因城市建设等人为活动而产生的规划区范围内的水土流失现象。城市化水土流失可以被理解为当建设规模或开发建设活动扰动土（岩）体超越城市的承载力和管理水平时，在自然外营力（降雨、重力、径流冲刷）的作用下，造成的水土资源的损失和生态景观的破坏。

城市水土保持的主要理论基础依然是传统水土保持学，因此，研究者们特别注重比较城市水土保持与传统水土保持的异同，以开辟借鉴传统经验解决城市问题的途径。普遍认为，最显著的差异在于城市水土保持是以城市建设服务为中心目标的水土资源保护，主要考虑生态和社会效益。现有研究成果主要从治理原则与方向、效益、内涵、治理模式这四个方面进行了探讨。

（1）城市生态学理论原理。以城市生态与人类之间关系的相互转化和影响，利用自然科学的方法对人类的社会生活进行改造和优化，这就是城市生态学。城市生态学的重大发展阶段在 20 世纪 60 年代后，由于人口剧增，世界上资源和粮食的需求告急，对自然环境的破坏变得严重，促使保护大自然意识的产生，城市生态学的研究与应用逐渐深入。

（2）城市水土保持理论原理。城市的水土保持工作要合理安排，需要进行水土保持工作的城市一般面积广阔，适合从城市边缘处的空旷地段开始进行改造。按照城市景观学的理念，这样的安排可以在城市的外围形成一个大的生态改造圈，是改造城市水土情况的基础，是城市生态系统建设中的重要部分。通过城市生态学对城市内的自然环境情况进行把握，使城市形成立体环绕的生态系统，利用自然的循环恢复能力改造城市水土。

（3）科学发展观的理论原理。在一般的城市规划中，城市功能区被大致分为工业区、商业区与居民生活区，其中居民生活区占绝大部分城市面积。在城市水土改造中，城市生态学的理念是合理调节各功能分区与改造土壤、植物的配比，促进城市环境与周边生态景观的共同可持续发展。根据城市生态学，在居民生活区的绿地景观要着重规划。有研究表明，居民生活区的水土流失程度最大，因此要着重改造居民生活区的水土情况，以达到改善居民生活质量的目的。对于居民喜欢去的公园、广场等休闲场所，水土保持系统要形成一个完整的系统。商业区内的改造植物分布不会像居民区那样多，但是必须要有。商业区是一个城市的心脏，往往存在于城市的中心，是进行水土保持改造的次重要地区。

（二）技术研究进展

在水土流失和荒漠化防治的长期实践过程中，科学技术发挥了重要的支撑作用，不断提升了水土流失和荒漠化的防治水平。广大水土保持与荒漠化防治科技工作者开展了大量的科学研究和科技示范工作，尤其是"十一五"以来，取得了一系列水土保持与荒漠化防治成果，为我国水土保持和荒漠化防治事业的发展做出了积极贡献。

随着国家高度重视生态安全、广大人民群众对生态与环境问题越来越关注，水土保持科技工作面临良好的发展机遇。2008年，水利部印发了《全国水土保持科技发展规划纲要》，明确提出了构建水土保持科技示范与推广、监测评价两大体系，以及在水土保持重大基础理论和关键技术研发、应用等方面取得突破的水土保持科技发展目标。

近年来，在"中国水土流失与生态安全综合科学考察"基础上，紧紧围绕黄河中游、长江上游、东北黑土地保护、石漠化治理、南方崩岗治理等国家重点工程和大型生产建设项目水土流失治理中急需解决的关键技术问题，我国学者相继开展了"中国主要水蚀区土壤侵蚀过程与调控研究""西南喀斯特山地石漠化与适应性生态系统调控""黄河上游沙漠宽谷段风沙水沙过程与调控机理"等国家"973"计划项目，"黄土高原水土流失综合治理关键技术""长江上游坡耕地整治与高效生态农业关键技术试验示范""红壤退化的阻控和定向修复与高效优质生态农业关键技术研究与试验示范""松嫩—三江平原粮食核心产区农田水土调控关键技术研究与示范""农田水土保持关键技术研究与示范"等国家科技支撑计划项目，"水蚀地区坡面水土流失阻控技术研究""生产建设项目水土流失测算共性技术研究""汶川地震区新生水土流失环境效应分析研究"等水利部公益性专项，"三峡库区水土流失与面源污染控制试验示范"和"西南喀斯特生态系统退化机制与适应性修复试验示范研究"等中科院西部行动计划，国家自然科学基金创新研究群体项目"流域水循环模拟与调控"，中科院重大方向性项目"水蚀风蚀交错区水土保持与受损生态系统关键技术与示范"以及教育部科研创新团队项目"黄土高原流域生态系统中水土迁移机制及其调控原理"等一系列国家级重大研究项目。项目研究区涉及我国水土保持工作的七大片区，水土保持科学研究工作呈现领域不断扩大、项目不断增加的良好局面，水土保持技术也随之取得重大突破，如① 黄土高原坡面降雨径流调控与高效利用技术；② 黄土高原沟壑整治工程优化配置与建造技术；③ 黄土高原林草植被可持续恢复与营造技术；④ 长江上游坡耕地水土保持微地形改造技术；⑤ 长江上游坡耕地土壤改良培肥技术；⑥ 红壤稀疏马尾松林植被重建技术；⑦ 治坡＋降坡＋稳坡三位一体崩岗治理模式；⑧ 侵蚀黑土农田水土保持耕作技术。

水土保持领域的科技成果不断增加、涉及的领域不断拓宽、发挥的效益不断凸显，有力推动了水土流失防治进程。然而，我国自然条件复杂、生产力总体水平不高、生态环境脆弱、水土流失严重，水土保持科学研究和技术成果推广仍明显滞后于水土保持生态建设实践，致使水土流失防治进程距离国家生态建设的总体目标、全社会水土保持意识与建设生态文明的总体要求还有很大差距。水土保持是复杂的系统工程，伴随生态建设和社会发展的深入，一些长期未能解决的问题更加突出，一些以前未曾出现的问题应运而生。如生产建设项目中人为水土流失的监测预报、不同区域坡耕地水土流失综合治理的高效模式和配套技术、不同水土流失区域的生态修复机理与调控技术、水土流失面源污染防治与生态清洁型流域治理、中小河流水土保持措施防灾减灾作用等重大科技问题，已成为决定当前水土保持事业持续快速发展的关键技术。

刘宁和曹文洪等总结分析我国水土保持工作的特点，指出我国近期的水土保持关键技术研发重点方向主要包括：① 水土流失区植被快速恢复与生态修复技术；② 坡耕地水土流失综合整治和高效利用技术；③ 中小河流水土保持减灾作用与高效配置示范；④ 生态清洁型流域治理技术与集成示范；⑤ 水土流失试验方法与动态监测技术；⑥ 水土保持数字化技术。

（三）重大成果

我国自然条件和社会经济条件区域差异大，水土流失分布范围广、形式多样、强度不等，且经济发展不平衡导致区域水土资源保护和利用的需求不尽相同，为了科学合理地确定水土流失防治分区布局，需要进行系统的全国水土保持区划。水土保持区划是根据自然和社会条件，水土流失类型、强度和危害，以及水土流失治理的区域相似性和区域差异性进行的水土保持区域划分，主要是明确各区的生产发展方向（或土地利用方向）和水土流失防治措施。水土保持区划是水土保持的一项基础性工作，将在相当长的时间内有效地指导一定范围内水土保持综合规划和专项规划。

在进行全国水土保持区划的基础和前提下，开展全国水土保持规划，是国家水行政主管部门法定的四大基础规划之一（其他三项分别是防洪规划、水资源综合规划、流域综合规划），是全国预防和治理水土流失的总体战略部署。规划拟定的全国水土保持总体任务将成为我国水土保持工作的总纲领，提出的总体布局是实现水土流失分区防治和构建区域防治体系的基础，是地方和水土保持相关部门开展水土流失防治工作的方向指导，对于我国实施分区防治战略、优化水土保持格局具有重要意义。

全国水土保持区划采用三级分区体系，具体为：①一级区，为总体格局区，主要用于确定全国水土保持工作战略部署与水土流失防治方略，反映水土资源保护、开发和合理利用的总体格局，体现水土流失的自然条件（地势—构造和水热条件）、水土流失成因的区内相对一致性和区间最大差异性；②二级区，为区域协调区，主要用于确定区域水土保持布局，协调跨流域、跨省区的重大区域性规划目标、任务及重点，反映区域优势地貌特征、水土流失特点、植被区带分布特征等的区内相对一致性和区间最大差异性；③三级区，为基本功能区，主要用于确定水土流失防治途径及技术体系，为重点项目布局与规划提供基础依据，反映区域水土流失及其防治需求的区内相对一致性和区间最大差异性。

依据三级分区体系和我国气候、地貌、水土流失、人类活动规律等特征，从自然条件、水土流失、土地利用和社会经济等影响因子或要素中选定海拔、大于10℃积温、年均降水量、水土流失成因及强度等指标组成各级分区指标体系。在收集已有相关区划及分区成果、上报系统数据和第一次全国水利普查水土保持情况普查成果的基础上，对数据进行整理、复核、分析，形成数据库，建立以地理信息系统为基础的全国水土保持区划协作平台。在定性分析的基础上，依托协作平台，运用相关统计分析方法，以县级行政区为分区单元，适当考虑流域边界和省界、历史传统沿革，借鉴相关区划成果，遵循区划原则进行区划，并充分征求流域机构和地方部门意见，多次协调，形成区划成果。

全国共划分为8个一级区、41个二级区、117个三级区（含港、澳、台地区）。规划总体布局以全国水土保持区划为基础，结合各区实际、水土流失突出问题和在国家主体功能区划中的区域定位，根据水土保持需求分析，按照国家生态保护和建设的总体要求，以水土流失防治"六带六片"战略格局为指导，与天然林保护、退耕还林、草原草场建设、保护性耕作推广、土地整治、城乡发展一体化等有关水土保持内容相协调，拟定一级区水土流失防治方略和二级区区域布局。

1. 东北黑土区

东北黑土区，即东北山地丘陵区，是以黑色腐殖质表土为优势地面组成物质的区域，包括黑龙江、吉林、辽宁和内蒙古4省（自治区）共244个县（市、区、旗），土地总面积约109万km²。该区属温带季风气候区，大部分地区年均降水量300～800mm；土壤类型以灰色森林土、暗棕壤、棕色针叶林土、黑土、黑钙土、草甸土和沼泽土为主；植被类型以落叶针叶林、落叶针阔混交林和草原植被为主，林草覆盖率55.27%；水土流失面积25.3万km²，以轻中度水力侵蚀为主，间有风力侵蚀，北部有冻融侵蚀分布。共划分为6个二级区（大小兴安岭山地区、长白山—完达山山地丘陵区、东北漫川漫岗区、松辽平原风沙区、大兴安岭东南山地丘陵区、呼伦贝尔丘陵平原区）、9个三级区（大兴安岭山地水源涵养生态维护区、小兴安岭山地丘陵生态维护保土区、三江平原—兴凯湖生态维护农田防护区、长白山山地水源涵养减灾区、长白山山地丘陵水质维护保土区、东北漫川漫岗土壤保持区、松辽平原防沙农田防护区、大兴安岭东南低山丘陵土壤保持区、呼伦贝尔丘陵平原防沙生态维护区）。

该区域主要生态环境问题表现为长期的森林采伐、大规模垦殖等造成的森林后备资源不足、湿地萎缩、黑土流失。因此，该区的水土保持方略为：以漫川漫岗区的坡耕地和侵蚀沟治理为重点，加强农田水土保持、农林镶嵌区退耕还林还草和农田防护、西部地区风蚀防治，做好自然保护区、天然林保护区、重要水源地的预防及监督管理，构筑大兴安岭—长白山—燕山水源涵养预防带。区域布局为：增强大、小兴安岭山地区嫩江、松花江等江河源头区水源涵养功能；加强长白山—完达山山地丘陵区坡耕地、侵蚀沟道治理和水源地保护，维护生态屏障；保护东北漫川漫岗区黑土资源，加大坡耕地综合治理力度，大力推行水土保持耕作制度；加强松辽平原风沙区农田防护体系建设和风蚀防治，推广缓坡耕地水土保持耕作措施；控制大兴安岭东南山地丘陵区坡面侵蚀，加强侵蚀沟道治理，防治草场退化；加强呼伦贝尔丘陵平原区草场管理，保护现有草地和森林。

2. 北方风沙区

北方风沙区，即新甘蒙高原盆地区，是以荒漠土为优势地面组成物质的区域，包括甘肃、内蒙古、河北和新疆4省（自治区）共145个县（市、区、旗），土地总面积约239万 km^2。该区属于温带干旱、半干旱气候区，年均降水量25～350mm；土壤类型以栗钙土、灰钙土、风沙土和棕漠土为主；植被类型以荒漠草原、典型草原、疏林草原、灌木草原为主，局部高山地区分布有森林，林草覆盖率31.02%；水土流失面积142.6万 km^2，以风力侵蚀为主，局部地区风力侵蚀和水力侵蚀并存，土地沙漠化严重共划分为4个二级区（内蒙古中部高原丘陵区、河西走廊及阿拉善高原区、北疆山地盆地区、南疆山地盆地区）、12个三级区（锡林郭勒高原保土生态维护区、蒙冀丘陵保土蓄水区、阴山北麓山地高原保土蓄水区、阿拉善高原山地防沙生态维护区、河西走廊农田防护防沙区、准噶尔盆地北部水源涵养生态维护区、天山北坡人居环境维护农田防护区、伊犁河谷减灾蓄水区、吐哈盆地生态维护防沙区、塔里木盆地北部农田防护水源涵养区、塔里木盆地南部农田防护防沙区和塔里木盆地西部农田防护减灾区）。

北方风沙区绿洲星罗棋布、荒漠草原相间，天山、祁连山、昆仑山、阿尔泰山是区内主要河流的发源地，生态环境脆弱，在我国生态安全战略格局中具有十分重要的地位，同时也是国家重要的能源矿产、风能开发基地和农牧产品产业带。区内的主要生态问题有：草场退化和土地沙化问题突出，风沙严重危害工农业生产和群众生活；水资源匮乏，河流下游尾闾绿洲萎缩；局部地区能源矿产开发颇具规模，造成的植被破坏和沙丘活化现象严重。因此，该区的水土保持方略为：以草场保护和管理为重点，加强预防，防治草场沙化退化，构建北方边疆防沙生态维护预防带；保护和修复山地森林植被，提高水源涵养能力，维护江河源头区生态安全，构筑昆仑山—祁连山水源涵养预防带；综合防治农牧交错地带水土流失，建立绿洲防风固沙体系，做好能源矿产基地的监督管理。区域布局为：加强内蒙古中部高原丘陵区草场管理和风蚀防治；保护河西走廊及阿拉善高原区绿洲农业和草地资源；提高北疆山地盆地区森林水源涵养能力，开展绿洲边缘冲积洪积山麓地带综合治理和山洪灾害防治，保障绿洲工农业生产安全；加强南疆山地盆地区绿洲农田防护和荒漠植被保护。

3. 北方土石山区

北方土石山区，即北方山地丘陵区，是以棕褐色土状物和粗骨质风化壳及裸岩为优势地面组成物质的区域，包括河北、辽宁、山西、河南、山东、江苏、安徽、北京、天津和内蒙古 10 省（直辖市、自治区）共 662 个县（市、区、旗），土地总面积约 81 万 km²。该区年均降水量 400～800mm；土壤以褐土、棕壤和栗钙土为主；植被类型主要为温带落叶阔叶林、针阔混交林，林草覆盖率 24.22%；水土流失面积 19.0 万 km²，以水力侵蚀为主，部分地区间有风力侵蚀。共划分为 6 个二级区（辽宁环渤海山地丘陵区、燕山及辽西山地丘陵区、太行山山地丘陵区、泰沂及胶东山地丘陵区、华北平原区和豫西南山地丘陵区）、16 个三级区（辽河平原人居环境维护农田防护区、辽宁西部丘陵保土拦沙区、辽东半岛人居环境维护减灾区、辽西山地丘陵保土蓄水区、燕山山地丘陵水源涵养生态维护区、太行山西北部山地丘陵防沙水源涵养区、太行山东部山地丘陵水源涵养保土区、太行山西南部山地丘陵保土水源涵养区、胶东半岛丘陵蓄水保土区、鲁中南低山丘陵土壤保持区、京津冀城市群人居环境维护农田防护区、津冀鲁渤海湾生态维护区、黄泛平原防沙农田防护区、淮北平原岗地农田防护保土区、豫西黄土丘陵保土蓄水区和伏牛山山地丘陵保土水源涵养区）。

区内主要生态问题有：除西部和西北部山区丘陵区有森林分布外，该区大部分为农业耕作区，整体林草覆盖率低；山区丘陵区耕地资源短缺，坡耕地比例大，江河源头区水源涵养能力有待提高，局部地区存在山洪灾害；开发强度大，人为水土流失问题突出；海河下游及黄泛区潜在风蚀危险大。因此，该区的水土保持方略为：以保护和建设山地森林植被、提高河流上游水源涵养能力、维护饮用水水源地水质安全为重点，构筑大兴安岭—长白山—燕山水源涵养预防带；加强山丘区小流域综合治理和微丘岗地、平原沙土区农田水土保持工作，改善农村生产生活条件；全面实施对生产建设项目或活动引发水土流失的监督管理。区域布局为：加强辽宁环渤海山地丘陵区水源涵养林、农田防护林和城市人居环境建设；开展燕山及辽西山地丘陵区水土流失综合治理，提高河流上游水源涵养能力，推动城郊及周边地区清洁小流域建设；提高太行山山地丘陵区森林水源涵养能力，加强京津风沙源区综合治理，维护水源地水质，改造坡耕地发展特色产业，巩固退耕还林还草成果；保护泰沂及胶东山地丘陵区耕地资源，实施综合治理，加强农业综合开发；改善华北平原区农业产业结构，推行保护性耕作制度，强化河湖滨海及黄泛平原风沙区的监督管理；加强豫西南山地丘陵区水土流失综合治理，发展特色产业，保护现有森林植被。

4. 西北黄土高原区

西北黄土高原区是以黄土及黄土状物质为优势地面组成物质的区域，包括山西、陕西、甘肃、青海、内蒙古和宁夏 6 省（自治区）共 271 个县（市、区、旗），土地总面积约 56 万 km²。该区属暖温带半湿润、半干旱区，年均降水量 250～700mm；主要土壤类型有黄绵土、棕壤、褐土、垆土、栗钙土等；水土流失面积 23.5 万 km²，以水力侵蚀为主，

北部地区水力侵蚀和风力侵蚀交错，划分为5个二级区（宁蒙覆沙黄土丘陵区、晋陕蒙丘陵沟壑区、汾渭及晋城丘陵阶地区、晋陕甘高塬沟壑区和甘宁青山地丘陵沟壑区）、15个三级区（阴山山地丘陵蓄水保土区、鄂乌高原丘陵蓄水保土区、宁中北丘陵平原防沙生态维护区、呼鄂丘陵沟壑拦沙保土区、晋西北黄土丘陵沟壑拦沙保土区、陕北黄土丘陵沟壑拦沙保土区、陕北盖沙丘陵沟壑拦沙防沙区、延安中部丘陵沟壑拦沙保土区、汾河中游丘陵沟壑蓄水保土区、晋南丘陵阶地蓄水保土区、秦岭北麓—渭河中低山阶地蓄水保土区、晋陕甘高塬沟壑保土蓄水区、宁南陇东丘陵沟壑蓄水保土区、陇中丘陵沟壑蓄水保土区、青东甘南丘陵沟壑蓄水保土区）。

区内主要生态问题有：水土流失严重，泥沙下泄影响黄河下游防洪安全；坡耕地众多，水资源匮乏，农业综合生产能力较低；部分区域草场退化沙化严重；能源开发引起的水土流失问题十分突出。因此，该区的水土保持方略为：建设以梯田和淤地坝为核心的拦沙减沙体系，保障黄河下游安全；实施小流域综合治理，发展农业特色产业，促进农村经济发展；巩固退耕还林还草成果，保护和建设林草植被，防风固沙，控制沙漠南移，改善能源重化工基地的生态。区域布局为：建设宁蒙覆沙黄土丘陵区毛乌素沙地、库布其沙漠、河套平原周边的防风固沙体系；实施晋陕蒙丘陵沟壑区拦沙减沙工程，恢复与建设长城沿线防风固沙林草植被；加强汾渭及晋城丘陵阶地区丘陵台塬水土流失综合治理，保护与建设山地森林水源涵养林；做好晋陕甘高塬沟壑区坡耕地综合治理及沟道坝系建设，建设与保护子午岭和吕梁林区植被；加强甘宁青山地丘陵沟壑区坡改梯和以雨水集蓄利用为主的小流域综合治理，保护与建设林草植被。

5. 南方红壤区

南方红壤区是以硅铝质红色和棕红色土状物为优势地面组成物质的区域，即南方山地丘陵区，包括江苏、安徽、河南、湖北、浙江、江西、湖南、广西、福建、广东、海南、上海、香港、澳门和台湾15个省（直辖市、自治区、特别行政区）共888个县（市、区），土地总面积约127.6万km^2。属亚热带、热带湿润区，大部分地区年均降水量800～2000mm；土壤类型以棕壤、黄红壤和红壤为主；主要植被类型为常绿针叶林、阔叶林、针阔混交林以及热带季雨林，林草覆盖率45.16%；水土流失面积16.0万km^2，以水力侵蚀为主，局部地区崩岗发育，滨海环湖地带兼有风力侵蚀。共划分为9个二级区（江淮丘陵及下游平原区、大别山—桐柏山山地丘陵区、长江中游丘陵平原区、江南山地丘陵区、浙闽山地丘陵区、南岭山地丘陵区、华南沿海丘陵台地区、海南及南海诸岛丘陵台地区和台湾山地丘陵区）、32个三级区（江淮下游平原农田防护水质维护区、江淮丘陵岗地农田防护保土区、浙沪平原人居环境维护水质维护区、太湖丘陵平原水质维护人居环境维护区、沿江丘陵岗地农田防护人居环境维护区、桐柏大别山山地丘陵水源涵养保土区、南阳盆地及大洪山丘陵保土农田防护区、江汉平原及周边丘陵农田防护人居环境维护区、洞庭湖丘陵平原农田防护水质维护区、浙皖低山丘陵生态维护水质维护区、浙赣低山丘陵人居环境维护保土区、鄱阳湖丘岗平原农田防护水质维护区、幕阜山九岭山山地丘陵保土生态维护区、赣中低山丘陵土壤保持区、湘中低山丘陵保土人居环境维护区、湘西南山地保土生态维护区、赣南山地土壤保持区、浙东低山岛屿水质维护人居环境维护区、浙西南山地保土生态维护区、闽东北山地保土水质维护区、闽西北山地丘陵生态维护减灾区、闽东南沿海丘陵平原人居环境维护水质维护区、闽西南山地丘陵保土生态维护区、南岭山地丘陵水源涵养保土区、岭南山地丘陵保土水源涵养区、桂中低山丘陵土壤保持区、华南沿海丘陵台地人居环境维护区、海南沿海丘陵台地人居环境维护区、琼中山地水源涵养区、南海诸岛生态维护区、台西山地平原减灾人居环境维护区和花东山地减灾生态维护区）。

区内主要生态问题有：人口密度大，人均耕地少，农业开发强度大；山丘区坡耕地以及经济林、速生丰产林林下水土流失严重，局部地区崩岗发育；水网地区局部河岸坍塌，河道淤积，水体富营养化严重。因此，该区的水土保持方略为：加强山丘区坡耕地改造和坡面水系工程配套，采取措施控制林下水土流失，开展微丘岗地缓坡地带农田水土保持工作，大力发展特色产业，对崩岗实施治理；保护和建设森林植被，提高水源涵养能力，构筑秦岭—大别山—天目山水源涵养生态维护预防带、武陵山—南岭生态维护水源涵养预防带，推动城市周边地区清洁小流域建设，维护水源地水质安全；做好城市尤其是经济开发区基础设施建设的监督管理。区域布局为：加强江淮丘陵及下游平原区农田保护和丘岗水土流失综合防治，改善水质及人居环境；保护与建设大别山—桐柏山山地丘陵区森林植被，提高水源涵养能力，实施以坡改梯、配套水系工程、发展特色产业为核心的综合治理；优化长江中游丘陵平原区农业产业结构，保护农田，改善水网地区水质和城市群人居环境；加强江南山地丘陵区坡耕地、坡林地、崩岗的水土流失综合治理，保护与建设河流源头区水源涵养林，培育和合理利用森林资源，维护重要水源地水质；保护浙闽山地丘陵区耕地资源，配套坡面排蓄工程，强化溪岸整治，加强农林开发水土流失治理和监督管理，加强崩岗和侵蚀劣地的综合治理，保护好河流上游森林植被；保护和建设南岭山地丘陵区森林植被，提高水源涵养能力，防治亚热带特色林果产业开发产生的水土流失，抢救岩溶分布地带土地资源，实施坡改梯，做好坡面径流排蓄和岩溶水利用；保护华南沿海丘陵台地地区森林植被，建设清洁小流域，维护人居环境；保护海南及南海诸岛丘陵台地区热带雨林，加强热带特色林果开发的水土流失治理和监督管理，发展生态旅游。

6. 西南紫色土区

西南紫色土区是以紫色砂页岩风化物为优势地面组成物质的区域，即四川盆地及周围山地丘陵区，包括四川、甘肃、河南、湖北、陕西、湖南和重庆7省（直辖市）共254个县（市、区），土地总面积约51万 km^2。属亚热带湿润气候区，年均降水量600～1400mm；土壤类型以紫色土、黄棕壤和黄壤为主；植被类型以亚热带常绿阔叶林、针叶林和竹林为主，林草覆盖率57.84%；水土流失面积16.2万 km^2，以水力侵蚀为主，局部地区山地灾害频发，共划分为 3 个二级区（秦巴山山地区、武陵山山地丘陵区和川渝山地丘陵区）、10 个三级区（丹江口水库周边山地丘陵水质维护保土区、秦岭南麓水源涵养保土区、陇南山地保土减灾区、大巴山山地保土生态维护区、鄂渝山地水源涵养保土区、湘西北山地低山丘陵水源涵养保土区、川渝平行岭谷山地保土人居环境维护区、四川盆地北中部山地丘陵保土人居环境维护区、龙门山峨眉山山地减灾生态维护区、四川盆地南部中低丘土壤保持区）。

区内人多地少，坡耕地广布，森林过度采伐，水电、石油、天然气和有色金属矿产等资源开发强度大，水土流失严重，山地灾害频发，是长江泥沙来源地之一。因此，该区的水土保持方略为：加强以坡耕地改造及坡面水系工程配套为主的小流域综合治理，巩固退耕还林还草成果；实施重要水源地和江河源头区预防保护，建设与保护植被，提高水源涵养能力，完善长江上游防护林体系，构筑秦岭—大别山—天目山水源涵养生态维护预防带、武陵山—南岭生态维护水源涵养预防带；积极推行重要水源地清洁小流域建设，维护水源地水质；防治山洪灾害，健全滑坡泥石流预警体系；做好水电资源及经济开发的监督管理。区域布局为：巩固秦巴山山地区治理成果，保护河流源头区和水源区植被，继续推进小流域综合治理，发展特色产业，加强库区移民安置和城镇迁建的水土保持监督管理；保护武陵山山地丘陵区森林植被，结合自然保护区和风景名胜区建设，大力营造水源涵养林，开展坡耕地综合整治，发展特色旅游生态产业；强化川渝山地丘陵区以坡改梯和坡面水系工程为主的小流域综合治理，保护山丘区水源涵养林，建设沿江滨库植被带，综合整治库区消落带，注重山区山洪、泥石流沟道治理，改善城市及周边人居环境。

7. 西南岩溶区

西南岩溶区是以石灰岩母质及土状物为优势地面组成物质的区域，即云贵高原区，包括四川、贵州、云南和广西 4 省（自治区）共 273 个县（市、区），土地总面积约 70 万 km²。该区大部分属亚热带和热带湿润气候区，大部分地区年均降水量 800 ~ 1600mm；土壤类型主要分布有黄壤、黄棕壤、红壤和赤红壤；植被类型以亚热带和热带常绿阔叶、针叶林及针阔混交林为主，干热河谷以落叶阔叶灌丛为主，林草覆盖率 57.80%；水土流失面积 20.4 万 km²，以水力侵蚀为主，局部地区存在滑坡、泥石流等地质灾害。共划分为 3 个二级区（滇黔桂山地丘陵、滇北及川西南高山峡谷区和滇西南山地区）、11 个三级区（黔中山地土壤保持区、滇黔川高原山地蓄水保土区、黔桂山地水源涵养区、滇黔桂峰丛洼地蓄水保土区、川西南高山峡谷保土减灾区、滇北中低山蓄水拦沙区、滇西北中高山生态维护区、滇东高原保土人居环境维护区、滇西中低山宽谷生态维护区、滇西南中低山保土减灾区和滇南中低山宽谷生态维护区）。

主要生态问题有：岩溶石漠化发育，耕地资源短缺，陡坡耕地比例大，工程性缺水严重，农村能源匮乏，贫困人口多；山区滑坡、泥石流等灾害频发；水电、矿产资源开发导致的水土流失问题突出。因此，该区的水土保持方略为：保护耕地资源，紧密围绕岩溶石漠化治理，加强坡耕地改造和小型蓄水工程建设，促进生产生活用水安全，提高耕地资源的综合利用效率，加快群众脱贫致富；加强自然修复，保护和建设林草植被，推进陡坡耕地退耕；加强山地灾害防治；加强水电、矿产资源开发的监督管理。区域布局为：加强滇黔桂山地丘陵区坡耕地整治，大力实施坡面水系工程和表层泉水引蓄灌工程，综合利用降水及小泉小水，保护现有森林植被，实施退耕还林还草和自然修复；保护滇北及川西南高山峡谷区森林植被，对坡度较缓的坡耕地实施坡改梯配套坡面水系工程，提高抗旱能力和土地生产力，促进陡坡地退耕还林还草，加强山洪泥石流预警预报，防治山地灾害；保护和恢复滇西南山地区热带森林，治理坡耕地及以橡胶园为主的林下水土流失，加强水电资源开发的监督管理。

8. 青藏高原区

青藏高原区是以高原草甸土为优势地面组成物质的区域，包括西藏、甘肃、青海、四川和云南 5 省（自治区）共 144 个县（市、区），土地总面积约 219 万 km^2。青藏高原区从东往西由温带湿润区过渡到寒带干旱区，大部分地区年均降水量 50 ~ 800mm；土壤类型以高山草甸土、草原土和漠土为主；植被类型以温带高寒草原、草甸和疏林灌木草原为主，林草覆盖率 58.24%；在以冻融为主导侵蚀营力的作用下，冻融、水力、风力侵蚀广泛分布，水力侵蚀和风力侵蚀总面积 31.9 万 km^2。共划分为 5 个二级区（柴达木盆地及昆仑山北麓高原区、若尔盖—江河源高原山地区、羌塘—藏西南高原区、藏东—川西高山峡谷区和雅鲁藏布河谷及藏南山地区）、12 个三级区（祁连山山地水源涵养保土区、青海湖高原山地生态维护保土区、柴达木盆地农田防护防沙区、若尔盖高原生态维护水源涵养区、三江黄河源山地生态维护水源涵养区、羌塘藏北高原生态维护区、藏西南高原山地生态维护防沙区、川西高原高山峡谷生态维护水源涵养区、藏东高山峡谷生态维护水源涵养区、藏东南高山峡谷生态维护区、西藏高原中部高山河谷农田防护区和藏南高原山地生态维护区）。

区内冰川退化，雪线上移，湿地萎缩，植被退化，水源涵养能力下降，自然生态系统保存较为完整但极端脆弱。因此，该区的水土保持方略为：维护独特的高原生态系统，加强草场和湿地的预防保护，提高江河源头水源涵养能力，治理退化草场，合理利用草地资源，构筑青藏高原水源涵养生态维护预防带；加强水土流失治理，促进河谷农业发展。该区区域布局为：加强柴达木盆地及昆仑山北麓高原区预防保护，建设水源涵养林，保护青海湖周边的生态及柴达木盆地东端的绿洲农田；强化若尔盖—江河源高原山地区草场管理和湿地保护，防治草场沙化退化，维护水源涵养功能；保护羌塘—藏西南高原区天然草场，轮封轮牧，发展冬季草场，防止草场退化；实施藏东—川西高山峡谷区天然林保护，加强坡耕地改造和陡坡退耕还林还草，做好水电资源开发的监督管理；保护雅鲁藏布河谷及藏南山地区天然林，轮封轮牧，建设人工草地，保护天然草场，实施河谷农区两侧小流域综合治理，保护农田和村庄安全。

四、发展展望

（一）任务与举措

新的历史时期对水土保持与荒漠化防治学科而言，机遇与挑战并存。如何利用好有利的政策环境，完成好水土保持与荒漠化防治的科学研究以及高水平人才培养的重要任务，成为新的挑战。因此，应以科学发展观的理念指导水土保持与荒漠化防治学科的建设，从以下 3 个方面进行学科建设的革新，保证学科健康、稳定、又快又好地发展。

1. 加大教学科研设施建设的投入，提供优质的硬件条件

水土保持与荒漠化防治专业作为一个实践性较强的专业，在新的社会发展形势和教育改革背景下，必须接受信息化、网络化和经济全球化的挑战，以适应知识经济时代前进的步伐。为了保证面向世界、面向未来、面向现代化高素质人才的培养，水土保持学科需要加大对教学硬件设施的投入，加快水土保持与荒漠化防治重点实验室和野外实习基地的建设。

选取综合实力较强、具有典型代表意义的野外教学研究基地进行实践教学平台建设。结合新的培养方案的实施，建立相对独立的实践教学体系，组织教师、实验系列人员以教学平台为单位开展教学研究，提高学校的实践教学水平，系统，编写实践指导书。

系统地研究校外人才培养基地在专业教学实验课、专业教学实习课以及毕业实践等教学环节中所发挥的重要作用，强调学习方法的传授与培养，培养学生的创新精神、创新思维和创新能力。同时，基地加强"产、学、研"一体化建设，以学科建设为依托，为专业建设、师资培养、课程体系的完善提供有利平台和重要保障。

2. 高度注重师资队伍建设，提升学科的教学科研水平

一流的学科不仅要有一流的硬件设施，更要有一流的师资队伍。重视师资队伍建设，从制度、政策和环境等方面优化人才成长的氛围，采取切实有效的措施建设一流的师资队伍。

一方面，做好优秀师资力量的引进工作。近年来，随着水土保持与荒漠化防治学科的研究性不断增强，学科科研成果的数量和质量面临更高要求。因此，根据需要每年引进一定数量、具有良好教育背景和专业素养的优秀人才，逐步补充青年教师。同时，聘请行业中不同性质单位的高层管理和技术人员作为兼职教师，进一步提高学生的知识结构和综合素质。

另一方面，加强师资力量的自我培养。在加强师资建设过程中，既要"引进来"，又要"走出去"。加强对中青年骨干教师的培养，力争培养一批后备学科带头人；建立教师培训、交流和深造的常规机制，使教师培训工作常规化、制度化；定期开展专业内部教师、学校内部教师培训、交流，并尽量创造条件邀请国内外教师一同进行教学经验交流。

通过培训和交流，形成一支了解社会需求、教学经验丰富、热爱教学工作的专兼结合的高水平教师队伍。

3. 推动产、学、研相结合，建立新型人才培养模式

我国水土保持与荒漠化防治专业人才培养质量的薄弱环节主要表现为：在综合性专业知识的合理运用及其与工作实践的融会贯通方面，存在着一定程度的对综合性知识的理解相对较差以及知识掌握与能力培养相脱节、实践环节的作用发挥有限等问题。为了解决上述问题，本科生在完成课堂理论学习、课程实验、课程实习、野外实践、毕业实践、毕业论文写作与答辩等教学环节的过程中，必须与科学研究相结合，必须与生产实践相结合。

（1）本学科生培养与科学研究相结合。本学科生参与科学研究，除了为其所参与的科学研究做出一定的贡献之外，还必然会为科学研究注入新的思想、新的思维方式，对科学研究水平的提高起到积极作用。

（2）本学科生培养与生产实践相结合。它要求学生不仅要掌握水土保持与荒漠化防治学科的相关基础理论知识，还要在学习中实现理论知识的应用和转化，重视实践和操作，强调对学生科学思维能力、动手实践能力与解决问题能力的培养，而不是简单地让学生死记硬背知识点。"产学研一体化"联合培养是当前高层次水土保持与荒漠化防治学科人才培养的重要模式，也是我国生态文明建设的客观需要。校外应用实践将为水土保持与荒漠化防治学科的学生提供实际应用的机会和平台，一方面可以将理论进行转化，在实践中解决理论学习中的不足和片面性；另一方面有助于学生体验实操，形成对专业相关工作的认知，并加强适应未来工作的能力；最后，还可以在实习中促进学生形成良好的职业道德和工作作风。

（二）发展趋势与展望

新的历史时期，水土保持与荒漠化防治学科既有大好的发展机遇，也面临着新的挑战。科学发展观的提出、新农村建设以及党和国家的高度重视等都为水土保持与荒漠化防治学科提供了新的发展动力，同时大面积的水土流失急待治理、人为水土流失尚未有效遏制以及人们对生态环境要求的普遍提高，又对水土保持与荒漠化防治提出了更为紧迫和更高的要求，学科需要在新的历史时期做出新的回应。

水土保持与荒漠化防治的实质是生态系统的维护和退化问题，如何解决全球生态环境问题和实现可持续发展是目前国际政治和国际关系探讨的热点问题。世界观察研究所所长莱斯特·布朗说：今后几十年，在世界新秩序中，谁在生态环境问题上主动采取行动，谁就能在今后的国际舞台上起到领导作用。基于对环境问题的新认识，荒漠化防治成为全球环境科技研究热点，得到世界许多国家的重视。随着科技发展以及对防治荒漠化认识的提高，水土保持与荒漠化防治科学技术发展有如下趋势：

（1）水土保持与荒漠化防治的科学研究和技术应用越来越多地需要多学科交叉，更多的研究逐渐注重利用其他学科的成果或者最新的研究技术来解决传统的林业问题。宏观上，随着全球气候变化越来越受人们关注，林业专业也开始向这一方向结合，向大尺度、空间尺度发展；微观上，基因、分子等领域的技术手段不断更新，也为林木培育、森林经营、病虫害防治等问题的解决提供了新的途径。对于传统林业科学中的难点，寻找新的手段和思路去探索和解释，这就需要对学生的创新能力进行激励和培养。

（2）在策略方面，走环境保护与发展相结合、以发展带动环境保护的道路。从景观生态系统入手，着重于环境的保护、植被的重建和提高以及合理开发利用荒漠化地区资源，实现生态、经济、环境和人口的持续发展。

（3）在防治技术上，更加注重以生物技术为主、以机械措施为辅，做到更新利用资源，尽量避免用化学物质或工业废物防治荒漠化和水土流失，以免各种残毒物质带来新的环境问题。

（4）特别强调荒漠化地区可持续发展。荒漠化地区环境极为脆弱，即使在采用生物技术措施防治荒漠化过程中，如不考虑荒漠化地区可持续发展问题，也会带来新的环境问题，达不到防治荒漠化的目的。

（5）治理与利用荒漠化土地相结合。荒漠化地区热能、光能资源丰富等优势容易被人们认识，但是沙土的高产特性则难以被人们接受和付诸生产实践。将沙害之源的沙子作为宝贵资源开发利用实为试验研究的趋势之一。荒漠化地区农业生产潜力较大，有关沙漠农业的节水技术、集水技术、高矿化度水利用技术及治沙防沙技术的研究将是沙漠农业的研究趋势。

（6）在水土保持与荒漠化防治科学研究方面注重与国际接轨，在防治技术方面注重与本国本地区实际相结合，建设一批环境治理与经济建设协调发展、高起点、高质量、高效益、各具特色的样板和典型，为不同类型区的防治荒漠化工程建设起到示范和技术辐射源作用，创造有中国特色的荒漠化防治技术体系。

（7）高等农林院校水土保持与荒漠化防治学科人才培养要适应社会主义市场经济的需要，要制定针对性的、分层次的培养计划，努力培养基础知识扎实、业务素质过硬、富有协作精神和创新能力的综合人才，只有这样，才能推动我国生态建设的不断发展。在实际应用中，学生面对的是实际的生产、科研问题，不同的立地条件、不同的政治经济环境以及不同的人文文化都造成了水土保持与荒漠化防治工作问题的多样性，想要合理、高效地完成工作任务，一味照搬、复制原有做法是不够的，需要创造性地解决问题。而创新能力的培养则需要尽可能地给学生提供接触实际工作实践的机会，并在实践中引导学生探索和积累解决问题的新方案。在实践中积累经验、开阔思路，逐渐由量变产生质变，潜移默化地培养适应于实际需要的创新能力。因此，水土保持与荒漠化防治跨世纪人才必须政治、业务素质并重，基础知识扎实、宽厚，并富有献身、协作精神和创造能力。

科学发展观的提出为水土保持与荒漠化防治学科带来了有利的发展条件，水土保持与荒漠化防治学科只有在科学发展观的指导下，认清自身的优势和缺陷，抓住当前难得的发展机遇，以可持续发展的眼光和胆略不断改革创新，才能真正提升自身的竞争能力，保证学科发展事业的长盛不衰。

参考文献

［1］ Hedin S A. Central Asia and Tibet: towards the holy city of lassa（two volumes）［A］.Cook Warren, Goudie. Desert Geomorphlogy［C］. London: UCI Press, 1993.

［2］ Berkey C P, Morries F K. Geology of Mongolia［M］. New York: The American Museum of Natural History, 1927.

［3］ Free E E. The Movement of Soil Material by the Wind［A］. Pye K, Tsoar H. Aeolian Sand and Sand Dunes［C］. London: Unwin Hyman , 1990.

［4］ Bagnold R A. The Surface Movement of Blown Sand in Relation to Meteorology［A］. Proceeding of the International Symposium on Desert Research［C］, Jerusalem: Research Council of Israel, 1952.

［5］ Woodruff N P, Siddoway F H. A Wind Erosion Equation［J］. Soil Sci Soc Amer Proc, 1965（29）: 602–608.

［6］ Hagen I J. A Wind Erosion Climate Erosivity［J］. Climate Change, 1986（9）: 195–208.

［7］ Fryrear D W, Saleh A, Bilbro J D. et al. Field Tested Wind Erosion Model［M］. Germany : Margraft Verlag, Weikersheim, 1994.

［8］ Bocharov A P. A Description of Devices Used in the Study of Wind Erosion of Soil［M］. New Delhi: Oxbnian Press, Pvt, Ltd, 1984.

［9］ 夏训诚. 罗布泊科学考察与研究［M］. 北京: 科学出版社, 1987.

［10］ 余新晓. 我国水土保持高等教育发展现状与对策［J］. 中国水土保持科学, 2007, 5（4）: 90–93.

［11］ 齐实，张洪江，孙保平. 水土保持与荒漠化防治专业的现状和发展对策［J］. 北京林业大学学报（社会科学版），2005（4）: 74–77.

［12］ 宋吉红，胡畔，李扬. 水土保持与荒漠化防治专业的就业分析与职业生涯指导［J］. 中国林业教育，2013, 31（5）: 51–54.

［13］ Wischmeier WH, Smith DD. Rainfall energy and its relationship to soil loss［J］. Transactions American Geophysical Union, 1958, 39（2）: 285–291.

［14］ Hsü KJ. Catastrophic debris streams（sturzstroms）generated by rockfalls［J］. Geological Society of America Bulletin, 1975, 86（1）: 129.

［15］ Frydman S, Beasley DH. Centrifugal modelling of riverbank failure［J］. Journal of the Geotechnical Engineering Division, 1976（102）: 395–409.

［16］ Rose CW, Williams JR, Sander GC, et al. A mathematical model of soil erosion and deposition process.i.theory for a plane element［J］. Soil Science Society of America Journal, 1983, 47（5）: 991–995.

［17］ Meyer LD. Evaluation of the universal soil loss equation［J］. Journal of Soil and Water Conservation, 1984（39）: 99–104.

［18］ Osman AM, Thorne CR. Riverbank stability analysis.i: theory［J］. Journal of Hydraulic Engineering, 1988, 114（2）: 134–150.

［19］ Thorne CR, Osman AM. Riverbank stability analysis.ii: applications［J］. Journal of Hydraulic Engineering, 1988, 114（2）: 151–172.

［20］ Nearing MA，Lane LJ，Alberts EE，et al. Prediction technology for soil erosion by water：status and research needs［J］. Soil Science Society of America Journal，1990，54（6）：1702-1711.

［21］ Darby SE，Thorne CR. Effect of bank stability on geometry of gravel rivers［J］. Journal of Hydraulic Engineering，1993，121（4）：382-385.

［22］ De Roo A，Wesseling C G，Ritsma C G. LISEM：A single-event，physical based hydrological and soils erosion model for drainage basin［J］. Hydrological Processes，1996（10）：1107-1117.

［23］ Darby SE，Thorne CR. Development and testing of riverbank-stability analysis［J］. Journal of Hydraulic Engineering，1996，122（8）：443-454.

［24］ Darby SE，Thorne CR. Numerical simulation of widening and bed deformation of straight sand-bed rivers.i：model development［J］. Journal of Hydraulic Engineering，1996，122（4）：184-193.

［25］ Darby SE，Thorne C R. Numerical simulation of widening and bed deformation of straight sand-bed rivers.ii：model evaluation［J］. Journal of Hydraulic Engineering，［J］1996，122（4）：194-202.

［26］ Corominas J，Moya J. Reconstructing recent landslide activity in relation to rainfall in the llobregat river basin，eastern pyrenees，spain［J］. Geomorphology，1999，30（1-2）：79-93.

［27］ Laursen EM. Discussion of "river width adjustment.i：processes and mechanisms" by emmett m.laursen［J］. Journal of Hydraulic Engineering，2000，126（2）：160-161.

［28］ Nagata N，Hosoda T，Muramoto Y. Numerical analysis of river channel processes with bank erosion［J］. Journal of Hydraulic Engineering，2000，126（4）：243-252.

［29］ Mahmoud MI，Gupta HV，Rajagopal S. Scenario development for water resources planning and watershed management：methodology and semi-arid region case study［J］. Environmental Modelling & Software，2011，26（7）：873-885.

［30］ Muste MV，Bennett DA，Secchi S，et al. End-to-end cyberinfrastructure for decision-making support in watershed management［J］. Journal of Water Resources Planning & Management，2012，139（5）：565-573.

［31］ 窦葆璋，周佩华.雨滴的观测和计算方法［J］.水土保持通报，1982（1）：44-47.

［32］ 江忠善，李秀英.黄土高原土壤流失预报方程中降雨侵蚀力和地形因子的研究［J］.水土保持研究，1988（1）：40-45.

［33］ 郑粉莉，唐克丽，周佩华.坡耕地细沟侵蚀影响因素的研究［J］.土壤学报，1989（2）：109-116.

［34］ 王孟楼，张仁.黄河中游黄土沟壑区暴雨产沙模型的研究.北京：清华大学出版社，1990.

［35］ 卜兆宏，董勤瑞，周伏建，等.降雨侵蚀力因子新算法的初步研究［J］.土壤学报，1992，29（4）：408-418.

［36］ 黄炎和，卢程隆，郑添发，等.闽东南降雨侵蚀力指标r值的研究［J］.水土保持学报，1992（4）：1-5.

［37］ 周伏建，黄炎和.福建省天然降雨雨滴特征的研究［J］.水土保持学报，1995（1）：8-12.

［38］ 汤立群.流域产沙模型的研究［J］.水科学进展，1996，7（1）：47-53.

［39］ 陈国祥，姚文艺.降雨对浅层水流阻力的影响［J］.水科学进展，1996，7（1）：42-46.

［40］ 雷阿林，史衍玺.土壤侵蚀模型实验中的土壤相似性问题［J］.科学通报：中文版，1996，41（19）：1801-1804.

［41］ 蔡强国.黄土高原小流域侵蚀产沙过程与模拟［M］.北京：科学出版社，1998.

［42］ 殷坤龙.瑞士滑坡及其研究概况［J］.中国地质灾害与防治学报，1999（4）：104-107.

［43］ 刘宝元，张科利，焦菊英.土壤可蚀性及其在侵蚀预报中的应用［J］.自然资源学报，1999，14（4）：345-350.

［44］ 高永，姚云峰.水土保持与荒漠化防治专业21世纪发展趋势［J］.中国林业教育，1999（s1）：68-69.

［45］ 张科利，唐克丽.黄土坡面细沟侵蚀能力的水动力学试验研究［J］.土壤学报，2000，37（1）：9-15.

［46］ 张光辉，卫海燕，刘宝元.坡面流水动力特性研究［J］.水土保持报，2001，15（1）：58-61.

［47］张光辉.土壤水蚀预报模型研究进展［J］.地理研究，2001，20（3）：274–281.

［48］胡明鉴，汪稔，张平仓.斜坡稳定性及降雨条件下激发滑坡的试验研究——以蒋家沟流域滑坡堆积角砾土坡地为例［J］.岩土工程学报，2001，23（4）：454–457.

［49］李文.近半个世纪以来中国城市化进程的总结与评价［J］.当代中国史研究，2002，9（5）：41–50.

［50］郑良勇，李占斌.黄土区陡坡侵蚀过程试验研究［J］.生态环境学报，2002，11（4）：356–359.

［51］王文龙，雷阿林，李占斌，等.黄土丘陵区坡面薄层水流侵蚀动力机制实验研究［J］.水利学报，2003，34（9）：66–70.

［52］肖培青，郑粉莉.上方来水来沙对细沟侵蚀泥沙颗粒组成的影响［J］.泥沙研究，2003（5）：64–68.

［53］郝芳华，陈利群，刘昌明，等.土地利用变化对产流和产沙的影响分析［J］.水土保持学报，2004，18（3）：5–8.

［54］张萍，田斌.滑坡稳定性评价研究进展［J］.三峡大学学报（自然科学版），2004，26（3）：254–257.

［55］郑书彦，李占斌.滑坡侵蚀研究［M］.郑州：黄河水利出版社，2005.

［56］齐实，张洪江，孙保平.水土保持与荒漠化防治专业的现状和发展对策［J］.北京林业大学学报（社会科学版），2005（4）：74–77.

［57］史婉丽，杨勤科，张光辉.Wepp模型的最新研究进展［J］.干旱地区农业研究，2006，24（6）：173–177.

［58］金鑫.黄河中游分布式水沙耦合模型研究［D］.南京：河海大学，2007.

［59］刘宁.水土保持科技工作面临的形势及近期研究的重点［J］.中国水利，2007（16）：9–11.

［60］孙厚才，高强，刘晓路.开发建设项目水土保持方案历程回顾［J］.长江科学院院报，2008，25（3）：93–96.

［61］张超，王治国，王秀茹，等.我国水土保持区划的回顾与思考［J］.中国水土保持科学，2008，6（4）：100–104.

［62］席西民，刘静静，曾宪聚，等.国外流域管理的成功经验对雅砻江流域管理的启示［J］.长江流域资源与环境，2009，18（7）：635–640.

［63］余新晓.以科学发展观引领水土保持与荒漠化防治学科建设［J］.中国林业教育，2010，28（1）：14–16.

［64］孙厚才，袁普金.开发建设项目水土保持监测现状及发展方向［J］.中国水土保持，2010（1）：36–38.

［65］左长清.新时期我国水土保持科技需求分析与应用推广［J］.水利水电技术，2011，42（3）：1–5.

［66］王明森.发挥社会团体作用 服务水土保持新形势［J］.山东水利，2011（2）：5–6.

［67］吴发启，王健.水土保持与荒漠化防治专业本科培养方案中课程设置问题的探讨［J］.中国林业教育，2012，30（3）：24–28.

［68］中华人民共和国水利部.第一次全国水利普查公报［J］.中国水利，2013（7）：64.

［69］曹文洪，刘国彬，鲁胜力，等.我国水土保持科技近期进展与展望［J］.中国水土保持，2013（5）：14–18.

［70］鲁胜力，朱毕生.科技创新对中国水土保持事业的影响［J］.水土保持通报，2014，34（5）：309–312.

［71］王治国，张超，孙保平，等.全国水土保持区划概述［J］.中国水土保持，2015（12）：12–17.

［72］王治国，张超，纪强，等.全国水土保持区划及其应用［J］.中国水土保持科学，2016，14（6）：101–106.

［73］王治国，张超，王春红.关于我国水土保持顶层设计若干重要关系的思考［J］.中国水土保持科学，2016，14（5）：145–150.

［74］刘宁.中国水土保持区划［M］.北京：中国水利水电出版社，2016.

［75］姜德文.论生态文明建设中的水土保持监测与公共服务［J］.中国水土保持科学，2016，14（6）：131–136.

专题报告

土壤侵蚀

一、引言

土壤侵蚀是限制当今人类生存与发展的全球性环境灾害，严重制约全球社会经济的持续发展。全球遭受土壤侵蚀的面积为 1642 万 km^2，其中水蚀面积 1094 万 km^2、风蚀面积 578 万 km^2。土壤侵蚀在造成土地资源严重退化甚至彻底破坏、影响农业生产和粮食安全的同时，大量径流泥沙及其夹带的污染物对水体质量和河道运行安全也造成严重威胁。

1968 年，地质学家 Sheldon Judson 首先对全球土壤侵蚀面积做出估算，江河每年向海洋倾泻的泥沙量由农业、畜牧业及其他人类活动产生之前的 99 亿吨（自然携带量）增加到 265 亿吨。据江河泥沙载荷资料，世界上主要江河都向海洋中搬运了大量泥沙。同时，土壤的风蚀物大部分被带到海洋中沉淀下来，增加了海洋泥沙量。

美国是几个详细调查了其土壤侵蚀状况的国家之一。根据美国的土壤和气候条件，其土壤允许极限侵蚀速度，（即土壤在维持其长期高生产力水平情况下的最大允许侵蚀水平，或称极限侵蚀速度）为 15 吨 /（年·英亩）。按美国 4.13 亿英亩的基本耕地计算，其过大侵蚀量（超极限侵蚀量）总计达 16.8 亿吨，其中绝大部分集中在不到总耕地十分之一的小部分地块。印度也是少数几个编制了全国土壤侵蚀量估算报告的国家之一。1975 年，印度农业科学家收集了全国的土壤侵蚀资料，并据此估算，印度耕地每年损失的土壤达 66 亿吨，印度至少有 60% 的耕地正遭受过度侵蚀。而我国土壤侵蚀面积达 367 万平方公里，超过国土面积的 1/3。当时的四大主要产粮国（美国、苏联、印度、中国）耕地占全球总耕地的 52%，粮食产量占一半以上，土壤的过大侵蚀量约达 134 亿吨 / 年。

如果世界其他国家的土壤侵蚀速度与这"四大国"相似——这对于第三世界国家来说实质上是最保守的假设——那么，目前全世界耕地土壤的过大侵蚀总量将达 257 亿吨 / 年。

因此，防治土壤侵蚀、改善生态环境、实现人与自然协调和资源—环境—社会经济可持续发展，已成为全世界普遍关注的重大环境问题和人类生存发展的重要问题，有关全球性重大研究计划和国际组织都将土壤侵蚀列为重要研究内容。由于土壤侵蚀是世界性的环境问题，影响到全球粮食供应和生态安全，因此将土壤侵蚀、土壤保持与全球环境变化相联系已成为各国政府官员和科学家共同关注的热点问题。

土壤侵蚀过程发生在陆地表面各圈层相互作用最为强烈的地区。土壤侵蚀过程中耦合了多种复杂的环境要素过程和环境要素间的相互作用过程。土壤侵蚀研究的主要任务是揭示土壤侵蚀及其相关的地表过程与机理，探索自然因素和人为活动对土壤侵蚀的作用方式，建立土壤侵蚀预报模型，评价土壤侵蚀的环境效应及其对区域和全球环境的影响，提出预防和治理土壤侵蚀、合理利用水土资源、建设良性生态环境的战略方案与技术途径。

二、理论进展

（一）土壤侵蚀概念

土壤侵蚀术语最初由 McGeeg 于 1911 年以英文形式提出，并出现在 1936 年 Ayres 出版的《土壤侵蚀及其防治》一书中，以其他语言出现则在 1937 年后。

1971 年，美国土壤保持学会将土壤侵蚀定义为"水、风、冰或重力等营力对陆地表面的磨蚀，或者造成土壤、岩屑的分散与移动"。英国学者 N.W. 哈德逊在《水土保持》（ *Soil Conservation* ）（1971）一书中将其定义为"就其本质而言，土壤侵蚀是一种夷平过程，使土壤和岩石颗粒在外营力的作用下发生转运、滚动或流失。风和水是使颗粒变松和破碎的主要营力。"可以看出，美、英学者对土壤侵蚀的定义既包含了土壤及其母质，也包含了地表裸露岩石，但均忽略了沉积过程。

《中国大百科全书·水利卷》（1992）对土壤侵蚀的定义为"土壤及其母质在水力、风力、冻融、重力等外营力作用下，被破坏、剥蚀、搬运和沉积的过程。"同时还指出，土壤在外营力作用下产生位移的物质量称为土壤侵蚀量；单位面积单位时间内的土壤侵蚀量称为土壤侵蚀速率（或土壤侵蚀速度）；在特定时段内通过小流域出口某一观测断面的泥沙总量称为流域产沙量。《中国水利百科全书·水土保持分册》（2004）将土壤侵蚀定义为"土壤或其他地面组成物质在水力、风力、冻融、重力等外营力作用下，被剥蚀、破坏、分离、搬运和沉积的过程。"

随着人们对环境与发展认识的深化，土壤侵蚀紧密与生态环境变化相联系，土壤侵蚀定义更应广泛一些，即土壤侵蚀是土壤及其母质和其他地面组成物质在水力、风力、冻融及重力等外营力作用下的破坏、剥蚀、搬运和沉积过程。

（二）土壤侵蚀科学发展历程概述

1. 国外土壤侵蚀发展历程

土壤侵蚀作为一门学科进行研究始于 19 世纪后期。土壤科学的奠基人苏联科学家 Dokuchaev 在 1877 年首次关注土壤侵蚀带来的危害。美国土壤学家 Wollny 首次进行了降水对土壤冲刷影响的实验研究。1909—1910 年，Kozmenko 对片状侵蚀和细沟侵蚀率率先进行了研究。美国密苏里大学 Miller 及其同事于 1917 年在密苏里农业实验站首次布设径流小区，开展农作物及轮作对侵蚀和径流的影响研究，并于 1923 年第一次出版了野外试验小区的成果，该方法后来为各国水土保持工作者所沿袭利用，并成为土壤侵蚀研究的经典方法。20 世纪 20 年代，被誉为美国土壤保持之父和土壤侵蚀科学的奠基人 Bennett 根据从 19 世纪 80 年代后期全美土壤普查中认识到的土壤侵蚀在美国的普遍存在及其严重性以及 Miller 的径流和侵蚀定量评价的研究方法，首次在全美不同自然地理区建立了 10 个代表不同土壤和气候条件的土壤侵蚀试验站网，开展土壤侵蚀的试验研究，为土壤侵蚀科学研究的发展奠定了初步基础。

在欧洲 19 世纪后期，促使土壤侵蚀学科发展的一个重要方面是 Surell 和 Demontzey 等科学家对山洪和雪崩发生过程及防治原理的研究。基于在对山区山洪和雪崩研究，1860 年出版了《山区土壤保持和山洪防治手册》；1884 年颁布奥地利—匈牙利 177 号议案。此后，土壤侵蚀研究工作除继续研究减少河流泥沙输移和河槽沉积外，对土壤侵蚀特征和土壤侵蚀防治工作也给予了极大关注。早期从事水文学、冰河学、农学、森林学、植物地理学的研究者主要根据本专业的科学原理和方法对土壤侵蚀现象和过程进行观测描述。如水文学家从河流和湖泊形成及沉积物造成水体污染方面对侵蚀现象进行描述；冰河学家从冰、雪、水、风和冻融等外营力造成陆地表面演变和形成及土壤遭受破坏等现象对土壤侵蚀进行观测；植物地理学家从土壤与植被关系方面对土壤侵蚀进行研究；农学家强调农业管理对侵蚀防治的重要性；森林学家通过森林保护土壤作用的功能研究森林植被对土壤侵蚀的防治。

土壤侵蚀工作引起世界各国政府广泛关注并广泛开展研究工作则发生在 20 世纪早期。1934 年，美国西部大平原发生美国有史以来第一次大尘暴，造成的巨大破坏使美国政府和国民深刻认识到土壤侵蚀的危害。随后，美国成立了土壤保持局（后改为自然资源保持局），并将原来的 10 个土壤侵蚀试验站网扩大到 44 个，遍及 26 个州；同时，有关高等院校也纷纷建立土壤侵蚀试验站。20 世纪 20 年代和 30 年代在美国建立的土壤侵蚀试验观测站在试验设计、观测方法、资料处理上的一致性和规范化，为后来美国土壤侵蚀研究和重大创新性成果的产生（如著名的土壤流失预报方程 USLE）积累了大量的科学资料。可以说，20 世纪 40 年代以前，美国土壤侵蚀科学研究主要进展是确定了美国土壤侵蚀研究大体轮廓，分辨出了影响侵蚀的主要因素，并进行了单影响因子及多因子的定量分析。

此阶段最有代表性的著作是土壤侵蚀学的奠基人 Bennett 于 1939 年出版的《土壤保持》。

从 20 世纪 40 年代开始，土壤侵蚀科学研究从对侵蚀现象的一般描述和对影响因子的试验研究步入对土壤侵蚀过程及其机理的定量化研究。1944 年，Ellison 首次通过实验揭示出降雨击溅是水蚀过程中的一种主要营力。对降雨击溅的认识，导致了土壤侵蚀防治工作的一场革命，即由过去以防治径流侵蚀的工程防护措施为主转变为以消除雨滴击溅作用的"给土地穿上衣裳"之覆盖措施为主（如免耕法、最少耕作法等）的防治思想。随着降雨雨滴击溅在土壤侵蚀过程中的重要作用的认识，降雨物理特性及其溅蚀的研究得到迅速发展，并进一步促进了人工模拟装置的研发与应用，极大地加快了研究工作的进度。在土壤本身抵抗侵蚀的能力方面，对土壤可蚀性进行了大量研究，取得了重要进展。与此同时，Ellison 也对侵蚀过程进行了深层次的研究，并将侵蚀过程刻化为雨滴侵蚀过程、径流侵蚀过程、雨滴搬运过程和径流搬运过程四个子过程。1969 年，Meyer 和 Wischmeier 对 Ellison 划分的土壤侵蚀的 4 个亚过程进行了数学模拟，应用"受分散限制的"和"受搬运限制的"的概念计算了单元产沙量。后来，Foster 和 Meyer 等人基于 Ellison 的研究结果，提出了侵蚀率受输沙率和输沙能力制约和细沟间侵蚀以降雨侵蚀为主、细沟侵蚀以径流侵蚀为主的侵蚀概念模型。

与此同时，土壤侵蚀预报研究也取得重要进展。1954 年，美国农业部在美国中西部印第安纳州 West Lafayette City 建立了国家径流泥沙数据中心，组织全美力量汇总全国径流泥沙观测资料；并基于当时对土壤侵蚀过程及其侵蚀机理的认识和对大量径流泥沙观测数据的统计分析，由国际著名土壤侵蚀学者 Wischmeier 组织有关政府部门和科研、教学和生产单位联合攻关，建立了著名的通用土壤流失方程，并由 Wischmeier 于 1959 年以文献的形式提出。

综上所述，20 世纪 80 年代前的土壤侵蚀和水土保持主要研究成就有：① 土壤侵蚀过程及影响因子的分辨与定量表述；② 人工模拟降雨试验技术的开发；③ 以免耕等水土保持耕作法为代表的耕地土壤侵蚀防治技术的研发和推广；④ 通用土壤流失方程式的问世与推广。

20 世纪 80 年代以来，土壤侵蚀和水土保持开始引入现代新技术新方法，以预测预报模型研究带动侵蚀机理、过程研究，重视土壤侵蚀和水土保持的环境与经济效应，主要研究进展有：① 修正完善通用土壤流失方程式（RUSLE2.0）；② 深化风蚀和水蚀过程研究，强化研究成果的集成，研发水蚀预报的物理模型，如 WEPP、EUROSEM、LISEM 和风蚀预报模型 RWEQ 和 WEPS；③ 强化土壤侵蚀环境效应评价研究，建立评价模型，包括土壤侵蚀与土壤生产力模型如 EPIC、SWAT 和非点源污染模型 AGNPS、ANSWER、CREAMS；④ 坡面水土保持措施研究注重水土保持措施与现代机械化耕作相结合，深化研究少耕、免耕、残茬覆盖等水土保持措施的作用机理，强化植物根系层抗土壤侵蚀能力的研究；⑤ 重视民众参与，提高公众环境意识，水土保持措施研究与农场主需求相结合；⑥ 土壤侵蚀与水土保持和生态经济交叉、结合的研究日趋活跃。

关于风力侵蚀的研究在很长一段时期内没有引起足够的重视。直到 20 世纪 30 年代，美国和苏联中亚地区的黑风暴引起人们对风蚀的高度关注。关于风蚀的研究可划分为三个阶段：第一阶段（20 世纪 30 ~ 60 年代），风蚀研究开始有较大进展，实现了定性描述到定量研究的飞跃，如拜格诺进行了一系列风沙运动的实验研究，创立了"风沙物理学"。他的代表著作《风沙和荒漠沙丘物理学》的出版，标志着土壤风蚀研究的一场革命。此阶段风蚀研究的主要内容有风蚀物理机制，如土壤颗粒在风力作用下的运动性质、颗粒起动风速、气流输沙通量、风蚀流的磨蚀作用、风蚀流的累积强度和风力作用下土壤物质的分选等。同时，也开始了风蚀影响因子的系统研究，建立了风蚀预报方程（WEQ）。第二阶段（20 世纪 60 年代中期），风蚀研究的重点转向土壤风蚀防治原理及风沙工程，评价各种风蚀措施的防护效益，并在理论指导下布设风蚀防治措施。此时风蚀方程的应用、数理分析方法、计算机处理技术等被引入土壤风蚀研究。在学科间的相互渗透的推动下，土壤风蚀研究取得较大进展，如区域土壤风蚀的宏观评价、土壤风蚀的仿真研究、风蚀危害程度评价与预测以及各种风蚀模型的建立等。第三阶段（20 世纪 70 年代以后），全球土地荒漠化扩展，引起各方面的关注，风蚀研究进入全新阶段，研究方法和技术也有了新的发展，研究的重点由野外的定位观测转向室内的风洞模拟实验，侧重风蚀动力机制和各风蚀影响因子相互作用的过程研究，风蚀预报研究取得较大进展，研发了 RWEQ 和 WEPS 等风蚀预报模型。

2. 国内土壤侵蚀发展历程

中国对土壤侵蚀现象的认识可以追溯到 3000 年前。而将土壤侵蚀作为一门科学技术进行专门研究，则是 20 世纪 20 年代开始的。尽管土壤侵蚀科学研究在中国起步较晚、历史不长，但由于中国土壤侵蚀的复杂性以及土壤保持工作在中国农业生产、生态环境建设以及人类生活与社会发展中的重要作用，中国土壤侵蚀研究还是取得了较大进展。

20 世纪 20 年代，金陵大学森林系的部分教师在晋鲁豫进行了水土流失调查及径流观测，20 世纪 30 年代在该校开设土壤侵蚀及其防治方法课程。1933 年，原黄河水利委员会成立并设置林垦组，从事防治土壤冲刷工作。20 世纪 40 年代，黄瑞采等学者对陕甘黄土分布、特性与土壤侵蚀的关系等进行了深入的考察研究。此后，相继在天水（1941）、西安、平凉和兰州（1942）、西江和东江（1943）、福建长汀（1939）建立水土保持实验站，可以说这个时期是我国土壤侵蚀科学发展的初期阶段。

我国大规模开展土壤侵蚀研究并取得重要成果是从 20 世纪 50 年代开始的。1957 年，我国成立全国水土保持委员会，先后有 20 多所高等院校设立了水土保持系或水土保持专业，一些农林水专科学校也相应设立了水土保持专业。特别是 1955—1958 年的黄河中游水土保持综合考察，取得了一批宝贵的基础资料、图件和成果。黄秉维、朱显谟、席承藩等对黄土高原土壤侵蚀分类和分区等做了大量开创性工作，为我国的土壤侵蚀科学发展奠定了重要基础。20世纪70年代末，随着经济的发展和综合国力的增强，土壤侵蚀科学也得到了全面、迅速的发展。国家科技部组织开展了第二次黄土高原综合考察；进行了连续数个五年计划的黄土高原典型地区综合治理试验示范研究，并将研究尺度由小流域扩大到区域，进行了长江流域和全国土壤侵蚀区划；建立了土壤侵蚀国家重点实验室及与其配套的世界第二大人工模拟降雨实验大厅；各研究机构、高等学校和各级水利水保部门布设了一系列水土流失观测站，并研制了不同的室内外人工模拟降雨装置开展系统研究；编制了全国水土流失技术标准和监测规程，各大江大河流域和各行政级相继建立水土保持与生态环境监测机构；国家基金委、水利部和黄委会等联合或单独设立了水土保持研究基金资助开展研究；三峡工程的建设促使其上游地区的水土流失研究受到关注，3S等技术在土壤侵蚀调查研究和空间评价中得到广泛使用；《水土保持法》的颁布、西部大开发对生态环境建设的需求及国家将实施的经济与社会协调发展的战略，正在推动土壤侵蚀科学研究向定量化的方向发展。

（三）土壤侵蚀测定方法

土壤侵蚀研究方法是土壤侵蚀研究的重要内容之一。为了获得能反映客观实际的土壤侵蚀量测量方法，国内外土壤侵蚀科学工作者进行了长期努力，目前主要有野外径流小区法、室内人工模拟降雨法和定量遥感法。

1. 野外径流小区法

该方法是指用木板、铁皮、混凝土或其他隔湿材料围成矩形小区，在较低的一端安装收集槽和测量设备，以确定每次降雨的径流量和土壤流失量。径流小区法是定量研究土壤侵蚀的常规方法，在世界各地广为采用。世界上最早的径流小区是1917年由密苏里大学土坡化学系主任 M.F.Miller 建立的"侵蚀小区"。20世纪70年代，德国科学家 Wollny 建立了世界上第一批径流小区，研究土壤、覆盖、坡度等与土壤侵蚀的关系。之后，美国科学家 Miller 建立了野外径流小区研究作物类型及其轮作对土壤侵蚀的影响，提出了著名的通用流失方程 USLE。其中标准小区定义为长22.13m，纵向坡面规整，坡度9%，至少连续休闲两年的顺坡翻耕小区。

通用土壤流失方程的问世深刻影响了世界各地土壤侵蚀模型的研究思路。张科利等通过研究提出了适合中国国情的标准小区概念，即坡度15度、坡长20M、坡宽为5M的清耕休闲地，并在此基础上对土壤可蚀性动态变化规律进行了研究，为土壤可蚀性模拟研究中的雨强选择提供了科学依据。

综上所述，利用野外径流小区进行土壤侵蚀试验是获得研究区土壤侵蚀基础数据的有效手段，但由于其数据的收集需要很长时间，而且受一定自然条件影响，因此此方法适用于土壤侵蚀最基础的数据收集。

2. 室内人工模拟降雨法

人工降雨模拟试验是在径流小区试验的基础上发展起来的。固定小区观测虽是土壤侵蚀定量测定最准确的方法，但有其难以克服的弊病。如田间小区试验依赖于天然降雨，由于天然降雨的复杂多变性，人为难以预控，要得出定量的结果需有足够的系列资料和可靠数据，积累年限一般长达几年甚至十几年，因而在短时间内不可能进行多次多项观测试验。用人工模拟降雨方法往往可在几天之内得到不同下垫面的水文特征和水保效果。人工模拟降雨方法可以弥补在自然降雨条件下，因环境变化而无法得到试验期内计划的研究结果，或进一步补充论证在自然降雨环境下得到的结果。因此，近年来国内外研究者多采用人工降雨装置进行土壤侵蚀研究。

国外许多国家都曾设计和使用过人工降雨装置进行径流和土壤侵蚀的研究。美国早在 1920 年就开始使用喷壶作为雨滴发生器进行模拟降雨试验，这是最早、最简单的人工模拟降雨器。以后又有不少学者继续从事这方面的研究，出现了各种型式和不同规格的降雨器。

1992 年，澳大利亚昆士兰大学土地和食品学院建立了侵蚀过程实验室，形成一套关于模拟降雨和地面径流的装置。该模拟降雨器是由 4 个喷头组成的振荡型间歇式降雨装置，喷头型号为 V80100，可提供 27 ~ 177mm/h 强度的降雨。

1999 年，印度技术学会农业食品工程部利用人工迷你降雨装置观测入渗、表面径流和土壤侵蚀，利用计算机视觉技术测量降雨强度为 60 ~ 100mm/h 的雨滴大小。该降雨装置可以随着降雨强度的不同而校正，克服了传统的模拟降雨装置需要随雨滴直径的不同而改变观测方法的缺点。

我国是在 20 世纪 50 年代开始用人工模拟降雨试验做水土流失规律研究工作的，虽然已经重视人工模拟降雨机具和方法的试验研究，但真正用于水土保持研究方面的还不多，尤其是野外试验的更少。到了 80 年代，有关水保、水利、地理等科研机构选用或试制不同类型的人工降雨装置进行野外或室内降雨试验，大大加快了水土流失规律研究的步伐。到目前为止，我国相关领域的科研人员已经研制出适于室内与野外各种试验要求和研究目的的人工模拟降雨装置。

孙超图等研制的掺气喷洒式极小雨强降雨装置主要用掺气方法减小喷洒式降雨器的降雨强度，用移动方法提高降雨均匀度，从而使雨强达 0.013 ~ 0.36mm/min，均匀度达到 0.9以上。该装置已用于"干旱地区雨水利用"试验研究中。

陈文亮等研制的 SR 型野外人工模拟降雨装置是一种多喷头、多单元组合式的间歇降雨装置，其结构主要包括降雨喷头、降雨座架、驱动机构、动力系统和供水系统。该装置在喷头处辅以使喷头往返摆动的机械传动装置，可增加喷头的散水面积和均匀度。以间歇方式降雨来满足其降雨强度、雨滴直径大小及其分布与自然降雨相似的需求。装置采用铝合金材料制成，结构简单，易于安装拆卸，适于野外工作。

叶翠玲等针对铁路建设过程中的典型坡面进行了野外人工模拟降雨试验，以定量研究铁路施工引起的水土流失量。试验采用中国科学院地理所的下喷式模拟降雨机，有效降雨面积为 5m×2m，采用率定的雨强 0.72 ~ 1.2mm/min。试验过程中，由于受外界因素的影响，实际雨量用量雨桶测得。

综上所述，利用人工模拟降雨进行土壤侵蚀试验研究不仅快捷、方便，而且避开了自然环境影响，能在短时间内获得有效的数据信息。但由于模拟装置和天然降雨必然存在一定误差，因此实验过程中要对试验装置进行相似性检验。

3. 定量遥感法

3S 技术是目前对地观测系统中空间信息获取、存贮、更新、管理、分析和应用的三大支撑技术，是土壤侵蚀研究走向定量化的科学方法之一。随着 GIS 系统的进一步完善，土壤侵蚀治理规划、水土保持规划将走向科学化、现代化、数量化，并更具指导性和可操作性。

在国外，Collins 等利用了 GIS 和遥感技术对尼泊尔中山区的土壤流失情况进行预测，表明在 GIS 平台上可以评价出土地利用和气候变化对坡面土壤侵蚀的影响趋势。保加利亚、西班牙、土耳其、印度尼西亚、斯诺文尼亚、叙利亚、德国、美国和印度的相关学者也将 USLE 与 RS、GIS 结合对土壤侵蚀量进行预测。

我国学者也研究了 GIS 在土壤侵蚀模型中的应用，但这类模型的建模手段基本一致，即利用 RS 和 GIS 提取出所需因子，用回归分析的方法建立侵蚀计算公式，最后利用 GIS 的图形运算显示计算结果，这些模型的不同之处在于模型中所考虑的影响因素不同。徐天蜀等以 Arc View3.2 为分析平台，结合 USLE 证明了 GIS 与土壤侵蚀评价模型结合的强大决策支持功能。刘洪义在 Arc GIS 和 Arc View 平台下，研究证明徕山区域土壤侵蚀方式具有明显的垂直分带性。刘永能等利用 3S 技术对江苏省水土流失严重的徐连地区进行了水土流失动态监测并收到良好效果。刘森等以 GIS、RS 和 RUSLE 为核心，对大兴安岭呼中地区土壤流失量进行了定量化分析。

纵观我国土壤流失预报研究的现状，尽管在这一领域已取得了一定成果，但是尚未有一个可以普遍应用的预报模型或方法得到推广，这使得我国 2001 年开展的全国第三次水土流失遥感普查尽管有 3S 的支持，但在判断水土流失级别时仍然只能用人工判断的办法完成对因子叠加后的综合图斑进行水土流失强度级别的判断，其科学性和先进性大打折扣，严重影响了工作效率。在此，寻找合适的预报模型或方法成为 3S 技术应用于水土流失普查或动态监测的主要障碍。

（四）土壤侵蚀预测模型研究

1. 国外土壤侵蚀模型研究动态

国外土壤侵蚀模型研发大体上经过了三个阶段，即试验观测数据、建立土壤侵蚀基础数据库、结合经验统计模型研究阶段；以土壤侵蚀机理为基础的概念性模型研究阶段；将 GIS、RS 等技术手段应用于各类土壤侵蚀模型阶段。这三个阶段并不是时间上的严格划分，主要是根据模型研究的重点不同进行划分。

第一阶段从 1877 年一直到 20 世纪 60 年代末。这一时期的研究工作主要集中于侵蚀量与简单因子的关系，围绕影响水土流失的单个因子如坡度、坡长、植被覆盖度等展开。大量径流小区的建立和观测促进了统计模型的发展。1917 年，美国学者 Miller 及其同事在密苏里农业实验站布设小区，开展农作物及轮作对侵蚀和径流的影响研究。20 世纪 20 年代，美国农业部土壤调查专家贝纳特等建立土壤侵蚀试验站，并将 Miller 的径流、侵蚀研究方法进行推广应用。1936 年，Cook 对大量径流小区资料进行系统分析后，提出了定量描述土壤侵蚀的三大因子——土壤可蚀性、降雨侵蚀力及植被覆盖，为土壤侵蚀预报技术发展提供了思路。1940 年,Zingg 建立了土壤侵蚀速率与坡度、坡长间的定量关系。一年后，D.Smith 在 A.W.Zingg 研究的基础上增加了作物因子和水土保持措施因子，从而为通用土壤流失方程的建立奠定了基础。1947 年提出的 Musgrave 方程将土壤侵蚀与土壤可蚀性、植被、坡度、坡长和雨强的关系进行了经验性的描述，此方程在美国东部各州农业和林地的片蚀和细沟侵蚀预测中得到应用。1965 年，Wischmeier 和 Simth 在对美国东部地区 30 个州近 30 年 1000 多万个径流小区的观测资料进行系统分析后，提出了著名的经验模型——通用土壤流失方程 USLE。该方程全面考虑了影响土壤侵蚀的自然因素，通过降雨侵蚀力、土壤可蚀性、坡度坡长、作物覆盖和水土保持措施五大因子进行定量计算。通用土壤流失方程所依据的资料丰富、涉及区域广泛，因而具有较强的实用性，在世界范围内得到了广泛推广。经验统计模型并不是在这一阶段后就不发展了，相反，由于该类型模型所具有的结构简单、数据处理简便、所需费用较低等优势，直到目前仍被众多学者所关注。1978 年，Wischmeie 和 Smith 针对应用中存在的问题，对 USLE 进行了修正，使 USLE 更具普遍性。由于 USLE 是以年侵蚀资料为基础建立起来的，无法进行次降雨土壤侵蚀的预报，为此，美国土壤保持局于 1985 年开始修正 USLE，并于 1997 年颁布了 USLE 的修订版 RUSLE，用于长期平均土壤流失量的预报，同时也可进行次降雨的土壤侵蚀预报。

第二阶段从 20 世纪 60 年代末到 80 年代中期。这一阶段，随着实验技术的进步，人们对土壤侵蚀的物理机理有了进一步的认识，模型研究主要以具有物理基础的过程模型为主。这类模型最早出现于 60 年代末，是从产沙、水流汇流及泥沙输移的物理概念出发，利用各种数学方法，结合气象学、水文学、水力学、土壤学和泥沙力学等相关学科的基本原理，经过一定的简化，以数学形式总结出土壤侵蚀过程与影响因子之间的关系，预报给定时段内土壤侵蚀量并模拟土壤的侵蚀过程。由于基于质量守恒、牛顿第二运动定律等物理基本规律，使得模型可在其他地区推广应用。但模型大多还不是完全意义的物理模型，而是基于物理基础的概念模型。1967 年，Negev 提出了一个具有物理基础的产沙模型，该模型考虑了雨滴击溅、坡面流输移及细沟和冲沟中水流侵蚀和输移过程，但各侵蚀子过程的侵蚀量和输沙量由经验关系确定。由于认识到土壤侵蚀分为降雨分散、径流分散、降雨输移和径流输移4个基本的侵蚀过程，1969年，Meyer等对这4个基本侵蚀过程分别进行了定量描述，提出了侵蚀与输移量的过程模型。该模型将单元面积上的产沙量（降雨分散量与径流分散量之和）与输移能力（降雨输移能力与径流输移能力之和）进行比较，得出本单元的输出沙量，其侵蚀产沙量的计算思路对后来侵蚀模型的发展产生了深远影响。1972年，Foster和Meyer根据泥沙输移连续方程来描述泥沙顺坡运动，并建立了细沟的输沙冲淤平衡方程，描述了水流分离速率与泥沙荷载的关系。进入20世纪80年代以后，众多基于土壤侵蚀过程的具有物理基础的模型相继问世，其中以美国的CREAMS（chemical runoff erosion from agricultural management systems）、ANSWERS（areal nopoint source watershed environment responsesimulation）、WEPP（water erosion prediction project）、AGNPS（agricultural nopoint source）、KINEROS（kinematic runoff and erosion model）及欧洲的EUROSEM（european soil erosion model）最具代表性。WEPP模型是目前国际上较为完整的土壤侵蚀预报模型，它几乎涉及与土壤侵蚀相关的所有过程，包括天气变化、降雨、截留、入渗、蒸发、灌溉、地表径流、地下径流、土壤分离、泥沙输移、植物生长、根系发育、根冠生物量比、植物残茬分解、农机影响等子过程。EUROSEM模型将侵蚀分为细沟间侵蚀和细沟侵蚀两部分，考虑了植被截流对下渗和降雨动能的影响以及土壤表层岩石碎块覆盖对下渗、流速和溅蚀的影响。LISEM模型也较详细考虑了土壤侵蚀产沙的各个环节，能较好地模拟土壤侵蚀发生过程且能与GIS完全集成并可直接利用遥感数据。

土壤侵蚀模型发展的第三阶段是将GIS与RS技术与模型的研究及应用相结合的时期，时间大约从20世纪80年代末至今。由于土壤侵蚀的复杂性和广泛性以及模型参数的空间变异性，使得运用传统技术，进而忽略空间的变异性进行集总式的土壤侵蚀模拟研究遇到了很大困难，正如Novotny指出的——一个好的模型遥感应充分考虑区域空间的变异性以及能够利用分布式的过程来模拟情况。而一旦考虑了空间变异性，模型参数的输入输出将变得繁多而复杂，同时模型所需的大量空间信息也难以获得。GIS与RS技术应用于土壤侵蚀模型的研究正好解决了这个问题。RS与GIS研究对象都是空间实体，RS着眼于空间数据的采集和分类，是GIS重要的信息源；GIS侧重于空间数据的管理分析，是RS信息提取与分析的重要手段。加拿大地理学家Tomlinson于1963年开发出世界上第一个地理数据分析系统，并于1968年首次提出了GIS（地理信息系统）这一术语。1972年，加拿大建立了包括地质、生态、土地利用、土壤等数据库的土地信息系统。70年代初，美国建立了土壤信息系统并在80年代中期完成了州级及全美国家土壤地理信息系统，能用于土壤侵蚀研究的各类数据库相继建立，为土壤侵蚀模型研究提供了重要的资料来源及技术平台。

2. 国内土壤侵蚀模型研究动态

我国土壤侵蚀预报模型的研究始于20世纪50年代，主要是根据径流小区观测资料建立估算次降雨土壤侵蚀量的统计模型。20 世纪 80 年代以来，我国以美国通用土壤流失预报方程 USLE 为蓝本，根据各地研究区的实际情况进行修正，建立了若干个地区性的土壤侵蚀预报模型。20 世纪 90 年代，基于土壤侵蚀过程的研究成果，研究人员开始尝试物理模型的建立。

（1）陡坡地包括预报浅沟侵蚀的土壤侵蚀预报模型。1996 年，江忠善等以沟间裸露地基准状态坡面土壤侵蚀模型为基础，将浅沟侵蚀影响以修正系数的方式进行处理，建立了计算沟间地次降雨的土壤流失模型。其表达式为：

$$A=\alpha\,K\,P^{0.999}I_{30}{}^{2.637}S^{0.88}L^{0.268}G_s V\,C$$

式中：A 为次降雨侵蚀量；α 为系数，无量纲；K 为土壤因子系数；P 为降雨量（mm）；I_{30} 为次降雨过程次 30min 最大降雨强度；S 为坡度；L 为坡长（m）；G_S 为浅沟侵蚀影响系数，当坡面无浅沟侵蚀时，G_S 为 1；V 为植被影响系数；C 为水土保持措施影响系数。对于裸露坡，V 和 C 皆为 1。

该模型特点是模型结构符合黄土丘陵区地貌特点，考虑了黄土坡面特有的浅沟侵蚀类型；应用 ARC/INFO 地理信息系统软件建立空间水土流失数据库，实现了侵蚀预报模型与 GIS 相结合。

（2）具有一定物理成因的土壤侵蚀预报模型。1998 年，蔡强国等基于坡面侵蚀产沙分带性规律，利用 GIS 技术建立了坡面土壤流失预报模型。模型结构形式为：

$$D_r=1.766 \times 10^{-7}E_r{}^{4.8}\lambda^{-0.5}$$

式中：D_r 为细沟侵蚀模数；E_r 为细沟水流侵蚀力；λ 为土壤抗剪切强度。

该模型最大特点是考虑了坡面溅蚀分散和细沟水流的输沙能力等物理过程。但该模型没有考虑细沟间薄层水流的分散能力和搬运能力，也没有考虑黄土高原陡坡地浅沟侵蚀类型。

（3）以 USLE 为蓝本建立的土壤流失预报模型 CSLE。20 世纪 80 年代以来，我国学者以美国通用土壤流失预报方程 USLE 为蓝本，根据各研究区实际情况进行修正，对我国主要水蚀区的黄土高原、东北漫岗丘陵、红壤丘陵、滇东北山区、闽东南、黄河多沙粗沙区、长江三峡库区、华南地区等坡面侵蚀预报模型进行探索，取得了一批研究成果。

2002 年，刘宝元等借鉴美国 USLE 的成功经验，根据实测资料建立了坡面土壤流失预报方程 CSLE，即 $A=R\,K\,L\,S\,B\,E\,T$。式中：A 为多年平均土壤流失量；R 为降雨侵蚀力；K 为土壤可蚀性；S 为坡度；L 为坡长；B 为水土保持生物措施因子；E 为水土保持工程措施因子；T 为水土保持耕作措施因子。

该模型的最大特点是根据我国水土保持措施的实际情况，将 USLE 中的作物和水土保持措施两大因子变为水土保持三大措施因子，即生物（B）、工程（E）和水土保持耕作措施（T）因子。但该模型与 USLE 类似，对模型的外推应用要慎重对待；再者，该模型也没有考虑陡坡地特有的浅沟侵蚀类型。

三、技术研究进展

（一）3S 技术在土壤侵蚀研究中的应用

随着地理信息系统在土壤侵蚀研究中的应用不断加深，研究者开始对土壤侵蚀背景数据库的建立进行深入研究。张晓萍等（1998）在指出影响土壤流失和保持的环境因子在土壤侵蚀研究中的重要性的同时，对中国土壤侵蚀环境数据库的设计和建立进行了初步讨论。张晓萍（2000）研究了 GIS 支持下建立土壤侵蚀背景数据库出现的若干技术问题。杨建新等（2000）利用计算机及 GIS 技术、数据库技术及地学编码技术等研究设计新疆土壤侵蚀信息系统，用以分析研究新疆的水土流失状况及治理方法。周忠发等（2001）将 GIS 管理、分析地理空间数据、信息的功能与遥感技术收集地表空间数据、信息的功能有机地结合起来，应用于贵州纳雍县的土壤侵蚀调查中。赵晓丽等（2002）以三峡库区的王家桥小流域为例，在 IDRISI 地理信息系统支持下研究设计了小流域空间与属性数据库的建设，有效实现了区域土壤侵蚀潜在危险的分级及其空间分析。目前，我国的土壤信息系统正在建立当中，一系列典型地区 SOTER 数据库的建立为全国性的土壤信息系统提供了技术和数据准备。

1. 利用 GIS—RS 一体化技术编制土壤侵蚀图

制图是 GIS 的基本功能，由 GIS—RS 一体化技术编制的土壤侵蚀图是研究土壤侵蚀的手段之一。Mirchel（1981）利用北部非洲和中东地区的遥感图像，在 GIS 技术支持下编制了该地区的土壤退化图。Haboudane 等（2002）利用 GIS 与 RS 技术相结合，编制 Guadalentin 盆地的土地退化与土壤侵蚀图，研究了该地区的土壤侵蚀状况。在我国，地理信息系统是在制图和遥感的基础上发展而来的，早期的 GIS 技术在土壤侵蚀研究中主要是通过编制土壤侵蚀图的方式研究土壤侵蚀状况。1989 年，中国科学院南京土壤研究所建立了 1∶50 万东北三江平原土壤信息系统土壤图与数据库；1990 年又研究了 1∶5 万江西红壤生态站土壤侵蚀图；1991 年在"利用信息技术编制土壤退化图"研究中，应用从土壤—土地数据库建立土壤退化评价方法等现代信息技术，编制出了实验区的土壤水蚀危害和风蚀评价图。张增祥等（1998）探讨了遥感和地理信息系统在土壤侵蚀强度定量分析研究中的应用及相关技术问题；并于 1999 年应用 RS 和 GIS 相结合的方法在西藏中部地区进行土壤侵蚀动态监测研究，建立了土壤侵蚀分类系统和强度分析模型，分别编制了 1990 年和 1995 年的土壤侵蚀强度图。郭志民等（1999）应用 RS 和 GIS 技术，在实现水土流失定量遥感监测的基础上编制土壤侵蚀模数图，利用土壤普查成果资料编制土层厚度和土壤密度图、土壤抗蚀年限图，以评价研究区的土壤侵蚀潜在危险性。

2.GIS 技术与数学模型相结合计算土壤侵蚀量

在土壤侵蚀研究中，国内外研究者广泛采用数学模型与遥感数据相结合的方式估算土壤侵蚀量，其中应用最为广泛的是美国的通用土壤流失方程 USLE。Roo de A.P.J 等（1989）利用 ANSWERS 模型与 GIS 结合，研究观测地区的土壤侵蚀模型。Desmet P.J 等（1996）研究了在地形复杂的景观单元，利用 GIS、RS 一体化技术计算 USLE 方程中的 L（坡长）和 S（坡度）因子的方法。Saniay 等（2001）将遥感等数据用于 Morgan 和 USLE 两个模型，分别对监测区的土壤侵蚀量进行估算，结果表明 USLE 模型计算出的值过高，而 Morgan 模型的估算结果与事实更接近。

（二）元素示踪技术在土壤侵蚀研究中的应用

土壤侵蚀进行科学研究始于 19 世纪后期。1915 年，美国林业局在犹他州布设了第一个定量试验点，标志着土壤侵蚀定量化研究的开始。利用原子示踪法研究土壤侵蚀是国内外近二十多年来该领域的重要发展趋向，由于其定量化程度高及可研究的地域面积大等优点而受到重视，并得到较快发展。

目前，国内外常用的研究土壤侵蚀的示踪方法主要有放射性核素示踪法、稀土元素中子活化分析技术（REE-INAA）以及磁性示踪技术等。

放射性核素示踪法常用于估计在不同空间尺度下的长期土壤侵蚀或沉积，小范围研究效果好，检测相对容易和准确，但数值的获得基本上依靠长期观测的平均值，而且需要有较好的参考剖面，只能用于研究泥沙的黏粒部分。另外，取样的时间以及检测放射性核素含量的时间对结果都有影响。

采用 ^{137}Cs 法是在 20 世纪 60 年代。当时，Menzel 在乔治亚州和威斯康星州利用核素分析建立了侵蚀速率、侵蚀产物的输运速率和泥沙淤积速率之间的关系；Graharm 发现沉降的 ^{85}S 及 ^{131}I 和土壤流失量之间有一定的比例关系；Frere 和 Roberts 在测定俄亥俄州的 Coshocton 一个小研究流域内沉降的 ^{90}Sr 流失时也发现了类似规律。由于 ^{137}Cs 的再迁移能力极差，具备作为土壤侵蚀示踪剂的条件，因此应用放射性同位素 ^{137}Cs 测定土壤侵蚀的方法应运而生。Rogowski 和 Tamura 在 1965 年和 1970 年率先应用 ^{137}Cs 法研究土壤侵蚀，测定了径流量、土壤侵蚀量和 ^{137}Cs 流失量，发现了土壤侵蚀量与 ^{137}Cs 流失量之间的指数关系，^{137}Cs 被广泛应用于土壤侵蚀研究领域。中国土壤侵蚀的 ^{137}Cs 法研究始于 80 年代中后期，张信宝首次将 ^{137}Cs 法引进国内，开始了中国土壤侵蚀的 ^{137}Cs 法研究。我国西北水保所田均良等（1992）对 Knaus 的研究方法作了改进，通过室内模拟实验取得了初步结果。杨武德等（1998）研究和建立了利用土芯定位法测定红壤丘陵坡地土壤侵蚀并取得较好结果。

稀土元素中子活化分析主要用于中长期土壤侵蚀或沉积的估计，该法适合定量一次或多次降雨事件的侵蚀速率，可用于土壤侵蚀理论的研究，尤其适合于室内模拟实验的研究。稀土元素能快速吸附于土壤颗粒上，不溶于水，无毒害作用，且中子活化分析灵敏度高。但该法只可求得相对侵蚀量，范围受限；而且在一些极其特殊的部位（如陡坡等）难以施放稀土元素。同时，中子活化分析需要特殊的试验设备，对于大区域、长时段的研究试验成本过高。

磁性示踪技术是利用磁性示踪剂或土壤本身的矿物磁性，通过磁化率仪测量土壤侵蚀前后磁化率的变化来确定土壤侵蚀或沉积。磁性示踪技术的优势在于测量无须破坏性地取样，可直接利用磁化率仪从土壤表面测得磁化率值，不扰动土壤，无放射性物质，而且试验快速、简单、方便、成本低。1997 年，G.G. Caitcheon 提出利用天然磁性矿物在泥沙中的相对含量来确定泥沙来源。80 ~ 90 年代初，澳大利亚开展了同时用 ^{7}Be、^{137}Cs、^{210}Pb、^{226}Ra、^{232}Th 等多种土壤核素示踪研究小流域的泥沙来源。1989 年，美国学者 Knaus 利用稳定性核素示踪法研究沼泽地土壤侵蚀和沉积速率。

四、重大应用成果

我国土壤侵蚀科学研究从 20 世纪 50 年代开始，取得了一批宝贵的应用成果，为我国土壤侵蚀学科发展奠定了重要基础。

（一）土壤侵蚀分类和分区

建立了较为合理、完善的土壤侵蚀分类系统。按照侵蚀营力的不同，将土壤侵蚀主要划分为水力侵蚀、风力侵蚀、重力侵蚀、冻融侵蚀和人为侵蚀，在每一侵蚀类型中又进一步根据侵蚀过程的发展阶段划分侵蚀方式。20 世纪 90 年代，又增加了水蚀风蚀复合侵蚀类型。近年来随着经济的发展，资源开发、工矿建设引起的新的人为加速侵蚀以及城市土壤侵蚀的研究受到重视。新近又认识到了耕作侵蚀，并开展了相应研究。20 世纪 50 年代，黄秉维采用 3 级分区方案编制的黄河中游土壤侵蚀分区图既简明扼要，又突出重点，对黄土高原水土保持工作起到了重要的指导作用。朱显谟根据黄河中游不同区域尺度的要求，提出了土壤侵蚀 5 级分区方案，即地带、区带、复区、区和分区。20 世纪 80 年代，根据我国的地貌特点和自然界某一外营力（如水力、风力等）在较大区域起主导作用的原则，辛树帜将全国土壤侵蚀类型划分为 3 大土壤侵蚀类型区，即水力侵蚀为主的类型区、风力侵蚀为主的类型区和冻融侵蚀为主的类型区。其中，新疆、甘肃河西走廊、青海柴达木盆地以及宁夏、陕西北部、内蒙古、东北西部等地的风沙区是风力侵蚀为主的类型区；青藏高原和新疆、甘肃、四川、云南等地分布有现代冰川、高原、高山，是冻融侵蚀为主的另一侵蚀区；其余所有山地丘陵地区则是以水力侵蚀为主的第三类型区。水蚀区又被分为 6 个二级区，即西北黄土高原、东北低山丘陵和漫岗丘陵、北方山地丘陵、南方山地丘陵、四川盆地及周围山地丘陵、云贵高原。"七五"期间，康克丽在系统总结前人研究成果的基础上，编制了黄土高原地区 1∶50 万土壤侵蚀类型图和土壤侵蚀强度分区图，明确划分出水蚀风蚀类型区。80 年代，史德明结合长江流域土壤侵蚀重点县的调查，编制了土壤侵蚀程度图和土壤侵蚀潜在危险图等，在内容和方法上都取得了新的进展。近年来，全国水土保持规划编制工作领导小组办公室在简要分析我国自然和社会经济条件、水土流失状况及其防治成效的基础上，编著了《中国水土保持区划》。《规划》提出了我国水土保持区划的三级分区体系、区划原则、实现途径以及主要方法，特别介绍了全国水土保持区划过程中利用计算机网络技术开发的区划协作平台及应用情况，并全面准确反映了国务院批复的《全国水土保持规则（2015—2030 年）》的重要组成内容和基础支撑——全国水土保持区划成果。

（二）全国土壤侵蚀遥感调查

20 世纪 80 年代，遥感技术在土壤侵蚀调查研究中应用广泛。近年来，遥感与地理信息系统相结合，使常规的土壤侵蚀调查进一步发挥了监测、预报和规划能力。GPS 的高精度定位技术在大地测量和精密工程测量等方面已获得成功经验，同时也展示出 RS、GIS 相结合在进一步研究不同类型的土壤侵蚀动态过程方面的前景。

1. 第一次全国土壤侵蚀遥感调查

1984—1989 年，由全国农业区划委员会下达并由水利部遥感技术应用中心主持的第一次全国土壤侵蚀遥感调查应用遥感技术调查了我国土壤侵蚀现状，编制出全国土壤侵蚀图，这是首次应用遥感技术进行大规模全国性土壤侵蚀的调查。

调查采用陆地卫星 MSS 和 TM 影像（1985—1986）作为信息源，选用的比例尺有 1∶25 万、1∶50 万、1∶100 万，同时选用不同比例尺黑白航片和彩红外航片。收集的资料包括不同比例尺的地形图、地质、地貌、气象、植被、土壤、森林、草场、沙漠及水文泥沙等图件及文字资料。

调查采用双指标多因子综合系列成图。双指标指土壤侵蚀强度与抗侵蚀年限，多因子包括侵蚀类型、土质类型、地形因子和植被覆盖度。最后完成了全国各省（自治区、直辖市）和 6 大流域 1∶50 万的土壤侵蚀图、1∶200 万全国土壤侵蚀图和 1∶400 万全国土壤侵蚀区划图，建立了多层次数据库的全国水土保持信息系统。

第一次全国土壤侵蚀遥感调查查清了当时全国轻度以上水蚀总面积 179.4 万 km^2，风蚀面积 187.6 万 km^2，冻融侵蚀面积 125.4 万 km^2。其中，水力和风力侵蚀面积为 367 万 km^2，占国土总面积的 38.23%；强度以上的水蚀面积 37.72 万 km^2，应该作为治理的重点；强度以上风蚀面积为 23.17 万 km^2，虽然面积很大，但治理重点应集中在水蚀风蚀交错地区，多为沙尘暴来源区。

2. 第二次全国土壤侵蚀遥感调查

第二次调查较第一次调查在技术方法上有所改进和提高，其信息源为 1995—1996

年的 TM 影像，利用 GIS 软件，由目视解译改为人机交互判读方式，以全数字化方式进行图形编辑。要求各省上交的数字化土壤侵蚀图必须是 GIS 软件 ARC/INFO 的 coverage 格式。工作底图为 1∶10 万，判读正确率＞90%，定位偏差＜0.6，成图最小图斑≥1.8mm×1.8mm，采用《土壤侵蚀分类分级标准》判别侵蚀类型和强度。第二次调查工作在 2001 年完成。

第二次调查的土壤侵蚀强度是通过植被、土地利用类型和地面坡度等影响因子综合确定的。从获取各因子值所采用的技术看，通过对遥感影像解译获取植被和土地利用类型的因子，依托 GIS 软件分析地面坡度，并建立了全国、各省（区、市）的 TM 影像库及与之相对应的土壤侵蚀数字图、典型样地照片库。利用这些数据，可以进行土壤侵蚀的动态监测和变化趋势分析。

第二次全国土壤侵蚀遥感调查查清了当时全国轻度以上水蚀总面积 179.4 万 km^2，风蚀面积 187.6 万 km^2，冻融侵蚀面积 125.4 万 km^2。其中，水力和风力侵蚀面积 367 万 km^2，占国土总面积的 38.23%；强度以上的水蚀面积 37.72 万 km^2，应该作为治理的重点；强度以上风蚀面积为 23.17 万 km^2，虽然面积很大，但治理重点应集中在水蚀风蚀交错地区，多为沙尘暴来源区。

参考文献

［1］ Bagnold R A. The Physics of Blown Sand and Desert Dunes［M］. London：Chapmane and Hall，1941.

［2］ Ellison W D. Studies of Raindrop Erosion［J］. Aric. Eng，1944（25）：131–136.

［3］ Ellison W D. Soil Erosion Study–Part Ⅱ：Soil detachment hazard by raindrop splash［J］. Aric. Eng，1947（28）：197–201.

［4］ Ellison W D. Soil Erosion Study–Part Ⅴ：Soil transport in the splash process［J］. Aric. Eng，1947（28）：349–351，353.

［5］ Ellison W D，Ellison O T. Soil Erosion Study–Part Ⅵ：Soil detachment by surface flow［J］. Aric. Eng，1947（28）：402–405，408.

［6］ Woodruff N P，Siddoway F H. A Wind Erosion Equation1［J］. Soil Science Society of America Journal，1965，29（5）：602–608.

［7］ Knaus R M. Accretion and Canal Impacts in a Rapidly Subsiding Wetland［J］. Ⅱ：A new soil horizon maker method for measuring recent accretion. Esturies，1989，12（4）：269–283.

［8］ Singh R，Panigrahy N，Philip G. Modified Rainfall Simulator Infiltrometer for Infiltration，Runoff and Erosion Studies［J］. Agricultural Water Management，1999，41（3）：167–175.

［9］ Jain S K，Kumar S，Varghese J. Estimation of Soil Erosion for a Himalayan Watershed using GIS Technique［J］. Water Resources Management，2001，15（1）：41–54.

［10］ E Ventura JR，M A Nearing，Norton L D. Developing amagnetic tracer to study soil erosion［J］. Catena，2001（43）：277–291.

［11］ D Haboudane，F Bonn，A Royer，et al. Land Degradation and Erosion Risk Mapping by Fusion of Spectrally–

based Information and Digital Geomorphometric Attributes [J]. International Journal of Remote Sensing, 2002, 23 (18): 3795-3820.

[12] De Roo, Hazelhoff L, Burrough P A. Soil Erosion Modelling using 'ANSWERS' and Geographic Information Systems [J]. Earth Surface Processes & Landforms, 2010, 14 (6): 517-532.

[13] 黄秉维. 陕甘黄土区域土壤侵蚀的因素和方式 [J]. 科学通报, 1953 (9): 63-75.

[14] 黄秉维. 编制黄河中游流域土壤侵蚀分区图的经验教训 [J]. 科学通报, 1955 (12): 15-21.

[15] 朱显谟. 黄土区土壤侵蚀的分类 [J]. 土壤学报, 1956 (2): 99-115.

[16] 杨艳生, 史德明. Fuzzy 关系方程在土壤侵蚀预报中的应用尝试 [J]. 模糊数学, 1981 (3): 83-86.

[17] 钱正英. 全面贯彻执行《水土保持工作条例》 为防治水土流失、根本改变山区面貌而奋斗——全国第四次水土保持工作会议上的报告 [J]. 中国水土保持 1982 (6): 5-13.

[18] 辛树帜. 中国水土保持概论 [M]. 北京: 农业出版社, 1982.

[19] 杨艳生, 史德明, 孙志刚. 降雨、径流因子的初步研究Ⅱ——土壤坡面侵蚀量预报 [J]. 水土保持通报, 1985 (3): 51-55.

[20] R.B.莱斯特, 何孝洪. 全球耕地土壤资源的侵蚀状况 [J]. 地理科学进展, 1987, 6 (3): 1-3.

[21] 左长清. 风化花岗岩土壤侵蚀规律和预测方程的探讨 [J]. 水土保持通报, 1987 (3): 53-58.

[22] 马志尊. 应用卫星影像估算通用土壤流失方程各因子值方法的探讨 [J]. 中国水土保持, 1989 (3): 24-27.

[23] 夏卫兵. 具有中国特色的水土保持科学体系浅述 [J]. 水土保持通报, 1989 (4): 30-35.

[24] 陈文亮, 王占礼. 国内外人工模拟降雨装置综述 [J]. 水土保持学报, 1990 (1): 61-65.

[25] 肖永全, 王恒善. 黄土高原沟壑区的水土流失及其经验计算模式 [J]. 水土保持通报, 1990 (5): 10-18.

[26] 赵其国. 我国土壤调查制图及土壤分类工作的回顾与展望 [J]. 土壤, 1992, 24 (6): 281-284.

[27] 孙超图, 解建宝, 李占斌. 掺气喷洒式极小雨强降雨装置实验研究 [J]. 水土保持学报 1994 (4): 91-95.

[28] 李锐, 唐克丽. 神府—东胜矿区一、二期工程环境效应考察 [J]. 水土保持研究, 1994 (4): 5-17.

[29] 刘贤万. 实验风沙物理与风沙工程学 [M]. 北京: 科学出版社, 1995.

[30] 李文银, 王治国, 蔡继清. 工矿区水土保持 [M]. 北京: 科学出版社, 1996.

[31] 陈奇伯, 费希亮. 土壤侵蚀预报研究的新进展 [J]. 中国水土保持, 1996 (2): 20-22.

[32] 江忠善, 王志强. 黄土丘陵区小流域土壤侵蚀空间变化定量研究 [J]. 水土保持学报, 1996 (1): 1-9.

[33] 李雅琦, 田均良, 刘普灵, 等. 可活化稳定核素示踪法在土壤侵蚀研究中的应用 [J]. 核技术, 1997 (7): 418-422.

[34] 卞正富, 张国良, 胡喜宽. 矿区水土流失及其控制研究 [J]. 水土保持学报, 1998 (4): 31-36.

[35] 蔡强国. 黄土高原小流域侵蚀产沙过程与模拟 [M]. 北京: 科学出版社, 1998.

[36] 孙虎, 甘枝茂. 城市周边地区侵蚀景观分布特征的分析——以山西省的建制市为例 [J]. 水土保持学报 1998 (4): 37-43.

[37] 杨武德, 王兆骞, 眭国平, 等. 红壤坡地不同土地利用方式土壤侵蚀的时空分布规律研究 [J]. 应用生态学报, 1998, 9 (2): 155-158.

[38] 张科利, 秋吉康弘. 坡面径流冲刷及泥沙输移特征的试验研究 [J]. 地理研究, 1998, 17 (2): 163-170.

[39] 张晓萍, 杨勤科. 中国土壤侵蚀环境背景数据库的设计与建立 [J]. 水土保持通报, 1998, 18 (5): 35-39.

[40] 张增祥, 赵晓丽, 陈晓峰, 等. 基于遥感和地理信息系统 (GIS) 的山区土壤侵蚀强度数值分析 [J]. 农业工程学报, 1998, 14 (3): 77-83.

[41] 赵晓丽, 张增祥. 基于 RS 和 GIS 的西藏中部地区土壤侵蚀动态监测 [J]. 水土保持学报, 1999, 5 (2): 44-50.

[42] 曾大林, 李智广. 第二次全国土壤侵蚀遥感调查工作的做法与思考 [J]. 中国水土保持, 2000 (1):

30–33.

[43] 陈文亮，唐克丽. Sr 型野外人工模拟降雨装置 [J]. 水土保持研究，2000，7（4）：106–110.

[44] 杨建新，赵永安，李智广. 新疆水土保持土壤侵蚀信息系统研究 [J]. 干旱区研究，2000，17（1）：43–48.

[45] 张晓萍. 基于 GIS 实现的中国土壤侵蚀背景数据库若干技术问题 [J]. 水土保持通报，2000，20（1）：48–50.

[46] 卢琦，杨有林. 全球沙尘暴警世录 [M]. 北京：中国环境科学出版社，2001.

[47] 周忠发，游慧明. 贵州纳雍县土壤侵蚀遥感调查与 GIS 空间数据分析 [J]. 水土保持研究，2001，8（1）：93–97.

[48] 叶翠玲，许兆义，杨成永. 秦沈客运专线建设过程中的水土流失实验研究 [J]. 水土保持学报，2001，15（2）：9–13.

[49] 马琨，王兆骞，陈欣. 土壤侵蚀示踪方法研究综述 [J]. 水土保持研究，2002（4）：90–95.

[50] 陈雷. 中国的水土保持 [J]. 中国水土保持，2002（7）：4–6.

[51] 赵晓丽，张增祥，刘斌，等. 基于遥感和 GIS 的全国土壤侵蚀动态监测方法研究 [J]. 水土保持通报，2002，22（4）：29–32.

[52] 南秋菊，华珞. 国内外土壤侵蚀研究进展 [J]. 首都师范大学学报（自然科学版），2003（2）：86–95.

[53] 冯琰，华珞，傅桦. 地理信息系统（GIS）在土壤侵蚀研究中的应用 [J]. 首都师范大学学报（自然科学版），2003（4）：68–75.

[54] 景可，王万忠，郑粉莉. 中国土壤侵蚀与环境 [M]. 北京：科学出版社，2005.

[55] 王向荣，华珞，何婷婷. 基于 ~（137）Cs 示踪技术的土壤侵蚀研究进展 [J]. 首都师范大学学报（自然科学版），2006（6）：86–91，98.

[56] 温熙胜. 三峡库区坡耕地土壤侵蚀研究 [D]. 北京：北京林业大学，2007.

[57] 史银志. 基于人工模拟降雨的伊宁市北山坡土壤侵蚀特性试验及预报模型研究 [D]. 乌鲁木齐：新疆农业大学，2008.

[58] 张洪江. 土壤侵蚀原理（第二版）[M]. 北京：中国林业出版社，2008.

撰稿人：程金花　王云琦　王　彬　蒋春晓

流域治理

一、引言

流域作为天然的集水单元，属于大自然的产物。流域不仅是一个从源头到河口的完整、独立的集水单元，而且其所在的自然区域是人类经济、文化等一切活动的重要社会场所。人类的发展无不是以流域为依托，从尼罗河流域、幼发拉底河及底格里斯河所在的两河流域、印度河流域到中国的黄河流域，均孕育了人类古代文明。即便是到了工业发展迅速的当代社会，很多经济发达地区仍是依傍流域而成，例如中国珠三角、长三角等地。人类文明的起源、迁徙、发展过程都仰赖不同水系的供给与滋养。

然而随着人口的增加，我国的流域面临严重的生态问题，目前我国的流域治理是在特定的社会经济条件制约下而进行的，很难完全从生态文明的角度去看待这个问题。治理的程度和效果往往受到投资和技术等各方面因素的限制，以经济效益最大化为治理的首要目标，缺乏综合的可以兼顾其他方面的治理机制与框架。随着全球化、区域一体化、工业化、城市化等的发展，中国流域治理问题变得日趋复杂、矛盾不断凸显，水土流失及环境污染越来越严重，小流域综合治理成为地方政府未来工作重点。

流域是人类社会经济和生态系统共享的宝贵财富。它作为一种生态体系，富含着水资源、生物资源等众多资源。随着经济和社会的发展，人们生活水平的不断提高，环保意识的不断增强，期盼"人水和谐、环境友好"的呼声也越来越高。中国共产党十八大报告提出，"要把生态文明建设放在突出地位，融入经济建设、政治建设、文化建设、社会建设各方面和全过程，努力建设美丽中国，实现中华民族永续发展"。因此，将生态文明融入到我国流域治理当中是社会发展的趋势，也是国家发展的基本要求。

二、理论研究进展

（一）国内外研究现状

国外尤其是欧美国家的流域治理研究已经比较深入。首先，在对流域水环境治理策略的研究中，奥普尔斯、罗伯特·史密斯、埃莉诺·奥斯特·罗姆等学者提供了理论基础。如奥普尔斯认为流域作为自然资源，其公共性及外部性等特征决定了其使用过程中不可避免地存在公地悲剧，当这种悲剧无法简单地通过合作解决时，具有绝对权力的政府将在普遍认可的基础上发挥其强制性作用。而该观点在埃莉诺·奥斯特·罗姆所著的《公共事务的治理之道》中遭到了质疑和批判，作者在实证研究的基础上提出了小规模公共池塘资源自主治理的若干原则。其次，在对流域水资源管理的研究中，国际社会以《都柏林原则》和《世纪议程》为精神指导，追求维护生态系统的可持续发展，促进水体及相关资源的协调开发和管理。再次，流域经济开发研究始于 20 世纪 40 年代后产生的流域经济学，并在其后的发展历程中出现了四种流域经济开发的常用理论模型，即法国朗索瓦·佩鲁提出的增长极理论，该理论被认为是区域经济学和经济区域观念的基石。

在我国，流域公共治理的理念引起很多学者的强烈共鸣。首先，在流域水资源管理研究上，王浩等提出"以流域管理为基础，建设流域管理与行政区域管理相结合的城乡水务一体化管理模式，并通过研究数字流域的基础平台建设和数字流域模型，构建水务一体化管理的保障措施"。雷玉桃、董哲仁等在各自研究中表示要坚持水资源统一管理的原则，实行流域水资源一体化管理，并且雷玉桃还主张在流域水环境管理中，政府应当在考虑市场经济特点的基础上，制定符合我国国情的政策与制度。其次，在流域经济发展研究中，国内学者借鉴国外河流开发经验和教训，探讨了中国流域的经济发展。自 20 世纪 80 ~ 90 年代，研究者开始集中分析长江、黄河等流域的生态保护、水源涵养等问题，随着社会经济的发展与政策体制的改革，部分学者对流域经济发展中的某一项重点问题展开详尽分析，如水利开发、流域沿岸产业链发展、空间布局等问题。不足之处在于，研究整体还缺乏比较系统的、理论与实际相结合的关于流域经济发展的研究成果。再次，区域公共管理视角下的流域治理研究相关文献可分为对区域行政与区域公共管理的理论研究和区域公共管理的实证研究。针对区域行政与区域公共管理的理论研究，陈瑞莲、张紧跟将区域公共行政作为公共行政研究的新视角，从广义的角度对"区域行政"进行了定义，并系统梳理了区域行政的起源、内涵、发展现状及研究意义；在实证研究方面，形成了赵来军的《我国湖泊流域跨行政区水环境协同管理研究——以太湖流域为例》《我国流域跨界水污染纠纷协调机制研究——以淮河流域为例》、王川兰的《竞争与依存中的区域合作行政——基于长江三角洲都市圈的实证研究》、黄德春等的《长三角跨界水污染治理机制研究》等研究成果。另外，陈瑞莲在《中国流域治理研究报告》中先后对珠江流域、东江流域治理做了研究，并从区际生态补偿、政府与企业伙伴关系、政府间环境协作机制等角度对流域治理理论与实践案例进行了较为全面的分析。此外，王川兰、臧乃康、胡晓东、刘祖云等学者分别以论文的形式展示了国内学者目前较有代表性的流域公共治理实证研究成果。

然而，目前我国几大流域现状令人担忧，水质污染非常严重，很多支流断流；各大流域管理仍以政府机构管理为主导，流域利益相关方缺乏参与权力，特别是群众参与的范围和深度非常有限；治理主体一直都是政府机构，各地区的政府机构又各自为政，仅仅从本地区和部门利益角度出发考虑对流域的开发利用；流域管理模式存在治理主体单一、治理功能碎片化、治理缺乏协作机制、治理过程与治理目标没有考虑环境友好等问题。

（二）小流域治理理念研究进展

在我国，小流域是指在以水力侵蚀为主的地区流域面积一般为 5 ~ 30km²，最大不超过 50km² 的集水单元。从生态学、经济学的角度看，一方面，小流域占据一定的地域，与一定的生产者、消费者、分解者及其非生物环境相联系，具有生态系统的物质循环、能量流动、信息传递功能，且随着生态系统内成分功能的改变，小流域的土壤侵蚀、土地生产力、营养元素状况等也将发生变化；另一方面，在小流域内部，人类活动建立了相应的生产力系统和生产关系系统，以生态系统为基础进行着物质资料的再生产和生产关系的再生产，具有明显的社会经济特征。

我国以防治水土流失为主的小流域治理历史悠久。据史料记载，我国水土流失治理可以追溯到西周初期，当时的山区农民为利用沟道进行农林业生产，很早以前就开始闸沟垫地、打坝淤地，对小流域实行坡沟兼治、综合治理。

我国以小流域为单元的水土流失综合治理经历了 30 多年的实践，逐步探索出适应我国实际情况的治理理念、治理措施及管理体系，取得了丰富的治理经验和显著的生态、社会和经济效益。1981 年以前，我国处于对水土流失发生区域进行分散治理的阶段，主要开展修梯田、垒坝阶、建护地坝等农田基本建设，取得了初步成效。1981—1990 年，以小流域为单元，自上而下采取工程、生物和农业耕作措施相结合，对山、水、林、田、路进行综合治理。自 1991 年《中华人民共和国水土保持法》颁布以来，水土保持工作始终坚持以大流域为骨干、小流域为单元、山水田林路统一规划、拦蓄灌排节综合治理，并取得了显著成效。但 1999 年以来，水少和水脏成为生态环境的首要问题，原有水土保持思路和模式已经难以解决面临的困境、难以满足水源保护的需要。2003 年以来，北京市从实际出发提出了以水源保护为中心，按照"保护水源、改善环境、防治灾害、促进发展"的总要求，构筑"生态修复、生态治理、生态保护"三道防线，建设生态清洁型小流域的水土保持思路。

2003—2005 年，我国生态清洁小流域处于综合治理阶段，积极推进生态清洁小流域试点建设工作。这个阶段的主要理念是人与自然和谐共处、坚持生态优先和保护水资源。2006—2012年，生态清洁小流域建设进入了全新的发展阶段。2006年1月，水利部提出了新时期生态清洁型小流域治理的新要求，即从经济快速发展与人们对改善生态环境的迫切要求出发，在指导思想上坚持人与自然和谐相处的理念，把水生态环境、人居环境、景观建设、产业结构等内容引入小流域综合治理当中。2006年下半年，全国30个省（市、区）的81个县实施了生态清洁小流域试点工程，推动了生态清洁小流域建设进一步发展。同时，在措施布局与选择上做出相应规定，2008年《生态清洁小流域技术规范》（DB11/T548—2008）将北京市生态清洁小流域建设技术措施归纳为21项。

2012年至今属于生态清洁小流域建设新转点。近年来，随着全球经济的发展和人类生活水平的不断提高，人类对环境的要求有了新的转变，从以往的向环境要资源转变为向环境要环境的发展理念。十八大的召开使尊重自然、保护自然的理念更加深入人心，生态清洁小流域建设开始引入欧洲水框架指令和近自然等先进理念。因此，在传统小流域治理的基础上，小流域内的水生态环境、村落环境及景观建设被纳入小流域综合治理中。

（三）小流域划分研究进展

伴随着旅游业、养殖业以及农业生产的快速发展，流域内人为扰动日益加剧，垃圾、污水、农药化肥污染日益严重，水生态环境日益恶化，水源保护工作日益困难。针对这些日益突出的问题，北京市水务局先后提出建设清洁小流域、卫生小流域、生态小流域等并在实践中不断摸索、探讨相关理论，完善相关技术与方法，提出了生态清洁小流域"三道防线"的概念。

1. 生态清洁小流域"三道防线"划分的理论依据

小流域是由流域生态系统和流域经济系统相互交织而成的流域生态经济复合系统，具有独立的特征和结构及其自身运动的规律性，与系统外部存在着千丝万缕的联系，是一个能够经过调控，优化利用流域内各种资源，形成生态经济合力，产生生态经济功能和效益的开放系统。在流域生态系统和经济系统中，包含着人口、环境、资源、物资、资金、科技等基本要素，各要素在空间和时间上以社会需求为动力，通过投入产出链渠道，运用科学技术手段有机组合在一起，构成流域生态经济系统。其理论基础有系统论、生态经济学理论、景观生态学理论、生态毒理学、可持续发展理论、综合集成理论、水土保持学原理等。

2. 生态清洁小流域"三道防线"划分原则

（1）景观格局的相似性。景观格局是景观元素如斑块、廊道和基质的空间布局等。在"三道防线"划分时，要充分考虑景观的格局，遵循景观格局相似性原则。

（2）水土流失的相似性。水土流失是小流域的主要环境问题，是污染物搬运的动力因素，因此在划分中要体现出水土流失的类型、形式、程度、强度等相似性。

（3）治理措施的相似性。在划分过程中，要考虑小流域建设措施布局与治理措施的布设，便于小流域建设措施的实施和管理。

（4）土地利用方式的相似性。土地利用方式是人类活动最基本的体现方式，代表和反映了人类活动对土地的利用强度、方式和类别，在划分中必须加以考虑。

（5）生态功能的相似性。生态功能是指自然生态系统支持人类社会、经济发展的功能，包括产品提供、调节、文化和支持四大功能。

3."三道防线"的治理措施配置

小流域"三道防线"治理措施配置是以水源保护为中心，以"三道防线"为主线，根据流域地貌特点、土地利用特点、植被盖度以及水环境状况，并将新农村建设纳入小流域综合治理中，对其治理措施进行合理规划与布局。在立体配置方面，根据小流域的地貌特征和水土流失规律，由分水岭至沟底分层设置防治体系；在水平配置方面，以居民点为中心，以道路为骨架，建立近、中、远环状结构配置模式。

4.生态清洁小流域建设体系

针对生态修复区、生态治理区、生态保护区内水土流失、水环境状况、水土资源开发利用情况以及人类活动的特点，结合生态清洁小流域建设目标，对不同的功能区采取不同的预防保护与治理措施。总结北京市近年来开展的水资源保护、小流域综合治理的实践与经验，按分区布局、分区治理的原则，将全市生态清洁小流域建设技术措施体系归纳如下。

（1）生态修复区。生态修复区是"三道防线"划分中的第一道防线，位于远山、中山及人烟稀少地区，对应地貌部位为坡上及山顶，土地利用类型以林地为主，植被盖度大于30%，坡度大于25°，土壤侵蚀以溅蚀和面蚀为主。该区以实行全面封禁，禁止人为开垦、盲目割灌和放牧，建立养山机制为主，以达到加强林草植被保护、防止人为破坏、发挥植被生态功能、改善生态环境、涵养保护水源的目的。主要措施有设置封禁标牌、拦护设施两项。

（2）生态治理区。生态治理区位于山麓、坡脚等农业种植区及人类活动频繁地区，对应地貌部位是坡中、坡下及滩地，土地利用类型以耕地和建设用地为主，植被盖度一般小于等于10%，坡度一般小于等于25°，土壤侵蚀以面蚀和沟蚀为主。该区以加强水利、水保基础设施建设为主，因地制宜地在村镇及旅游景点等人类活动和聚居区加强农村污水处理、生活垃圾集中管理和环境美化工程建设；调整农业种植结构，发展与水源保护相适应的生态农业、观光农业、休闲农业；控制化肥农药的使用，达到减少面源污染、控制和减少污染物排放、改善生产条件和人居环境的目的。主要措施有梯田整修、砌筑树盘、水保造林、水保种草、土地整治、节水灌溉、砌筑谷坊、拦沙坝、挡土墙、护坡措施、排水工程、村庄美化、垃圾处置、污水处理、农路建设 15 项。

（3）生态保护区。生态保护区位于河（沟）道两侧及湖库周边，对应地貌部位为河（沟）道及滩地，土地利用类型有水域、未利用地和草地，植被盖度一般小于等于 30%，坡度一般小于等于 8°，土壤侵蚀以沟蚀和重力侵蚀为主。该区以封河（沟）育草、禁止河（沟）道采沙、加强河（沟）道管理和维护、防止污水和垃圾进入、清理行洪障碍物为主，目的是确保河（沟）道清洁、控制侵蚀、改善水质、美化环境、维护湖库及河流健康安全。主要措施有防护坝、河（库）滨带治理、湿地恢复、沟道清理 4 项。

（四）河流生态修复理论研究进展

河流具有供水、发电等多种社会经济功能以及维持全球物质与水分循环、调节气候等生态功能，是人类社会可持续发展和生态服务功能正常发挥的重要保障。随着人类非理性活动强度的增加，河流受到的负面影响日益增加，世界范围内河流面临严重退化的威胁。全世界未受人类影响的河流所剩无几，大部分亚洲国家、非洲、拉丁美洲及东欧国家均存在不同程度的河流污染问题，河流生态系统破碎化程度增加，严重影响了社会经济的发展和人类文明的进步。因此，在河流生态修复中仅仅研究水体本身是不够的，需在流域这样一个大的生态系统中进行规划和实践。河流生态修复是流域治理中的一项重要内容。

1. 河流生态修复定义

河流生态修复是指使用综合方法使河流恢复因人类活动的干扰而丧失或退化的自然功能。它需要掌握破坏生态系统结构和功能或阻止其恢复的自然或人为因素，调查河流生态系统的结构和功能的变化以及对生态系统有影响的物理、化学和生物过程。任何修复方案都应该承认河流的现状。在任何情况下，河流都不会恢复到其原始状态。

2. 河流生态修复理论进展

自德国学者 Seifen 提出"近自然河溪治理"的概念后，河流生态修复得到了蓬勃发展。20 世纪 60 年代起，西欧和北美的发达国家将生态学原理运用于工程实践中，开展有关河道生态修复的相关实验研究，并逐步运用于实践。Vannote 等在更早的时候提出河流连续体（river continuum concept，RCC）的概念，指出河流网络从河流源头起到下属各级河流流域是一个连续的、流动的整体系统，河流生态系统的结构和功能与流域具有统一性。同时，RCC 还概括了沿河纵向有机物数量的时空变化、生物群落的结构和资源的分配，使得河流生态系统特征能够得到预测。但是 RCC 描述的是没有受到干扰的河流生态系统，具有特殊性和局限性。董哲仁等提出"水文—生物—生态功能河流连续体"概念，其内涵是以河流水文—水力学过程空间连续性、生物群落结构空间连续性、营养物质流和能量流空间连续性、信息流空间连续性为要素的河流连续体模型，同时考虑水文、生物及河流生态系统演变和进化的动态特征，建立相应的时间坐标和尺度。这些概念指出了河流生态修复的重点和时空尺度，构成了研究人类活动对河流生态系统的胁迫机理和河流生态修复的理论基础。

河流生态修复的尺度和机理研究有助于确定河流生态修复的规划、原则以及所采用的修复方法。目前对河流修复的理论研究多集中于流域尺度，董哲仁通过分析水文过程与生态过程的耦合特征，论证了流域尺度是编制河流生态修复规划的适宜尺度，以流域尺度进行河流生态修复规划更能反映生态系统的整体性特征。也有学者提出应针对不同的时空尺度特点进行针对性的研究，赵彦伟和杨志峰探讨了河流生态修复的时空尺度，将时间尺度分为短、中、长和极长四个尺度，将空间尺度分为区域、流域、河流廊道和河段 4 个尺度，指出在修复过程中应根据不同的时空特点确定重点内容和方向。在河流生态修复机理研究方面，李睿华等指出河道修复中植物对提高河流自净能力、改善流域局部小气候有重要作用。滑丽萍等研究了河湖底泥的生物修复方法，并对其机理进行了阐述。高甲荣等对采用扦插、生物垫和梢捆 3 种土壤生物工程措施进行河流岸坡治理的北京怀九河—渡河段的稳固岸坡效果进行调查观测，分析了其加固机理。Pedersen 等通过对 Skjern River 的生境、大型植物和大型无脊椎动物在 2000 年（修复前）和 2003 年（修复后）的两次调查观测，分析了生物群落的恢复机理，指出生物群落将会随着河流形态的稳定而持续发展。郑天柱等应用生态工程学理论进行河道生态恢复机理的探讨，指出满足河流生态需水量是缺水地区恢复河流生态的关键。杨海军等对河岸生态系统恢复过程中的自组织机理进行了初步研究。综合目前国内外研究情况，关于河流恢复机理的研究尚处于初步阶段，一些机理尚不清楚，还有待深入研究，如河岸生态系统在恢复过程中对水生生物群落的影响等问题。

（五）水土保持工程理论研究进展

新中国建立以来尤其是改革开放以后，我国的社会建设和经济建设的发展步伐逐步加快，在应对自然灾害、保护环境、保护自然方面取得了一定成就，特别是我国在水土保持工程方面取得了很大的进步。水土保持工作是在可持续发展思想的指导下积极应对自然灾害的有效措施，是对斜坡或者沟道中水土流失状况的治理，即在合理分析风力、水力以及重力的情况下对水土资源的损失和破坏过程进行有效管理的方法和手段。对于小流域水土工程综合治理体系来说，其中非常重要的工作就是水土保持工程措施。我国现阶段水土保持工程措施中常见的有山沟综合治理工程、斜坡（山坡）防治工程以及中小型水库蓄水工程等。

1. 水土保持工程的内涵

水土保持工程是在工程原理的指导下对山区、丘陵区及风沙地区水土流失问题进行有针对性地防治与优化，实现对水土资源的保护与合理使用，并在此基础上获得水土资源的经济与社会效益，为良好生态环境的构建提供条件。水土保持工程作为水土综合整治的主要构成内容，对于促进资源的开发与利用、生产与自然的和谐有着重要的价值。水土保持工程研究的对象是斜坡与沟渠中水土流失的机理以及在风力等外力作用下产生的水土资源流失与破坏的过程。

2. 我国水土保持工程现状

近年来，我国的水土保持工作取得了一定的发展和进步，但由于许多因素的阻碍，水土保持工程施工的质量一直没有达到预期效果。水土保持工程具有复杂性和不确定性是施工质量无法保证的根本原因，再加上我国水土保持工作开展的时间有限、水土保持工程施工设施和技术手段的落后以及相关监理工作的不到位，造成了施工质量的不稳定。所以，我国要想进一步加强水土保持施工工程的质量，就要在加大重视和管理的基础之上明确工作目标和方向，不断学习国外有关的先进经验和引进先进的技术和设备，保证水土保持工作进一步发展。

3. 水土保持工程的具体内容分类

水土保持工程作为小流域综合整治的构成内容，与水土保持工作的系统性有着密切联系。当前，我国的水土保持工程根据修建作用划分主要有四大类：第一类是山坡水土保持工程，第二类是沟道治理工程，第三类是山洪石流疏导工程，第四类是小型水库蓄水供水工程。

（1）山坡水土保持工程。坡面在山区农业生产过程中有着重要的使用价值。斜坡作为径流的策源地，在进行水土保持工程建设的同时，要注重对坡沟的同时治理。坡面作为治理工作的基础，要做好斜坡固定、山坡截流等工作。水土保持工程坡面治理是保证斜坡稳定而设置的工程措施，这些工程措施的使用从挡墙防滑桩到护坡工程的建设及维护，都是为了更好地实现坡面治理工程作用的发挥。

（2）沟道治理工程。沟道治理工程的主要目标是对山沟中经常出现的沟头前进、沟床下切、沟岸移动等现象进行控制，主要工作就是合理调节山洪洪峰的流量大小、减缓沟床纵坡的长度、控制山空和泥石流中的固体物质含量，以达到对沟口冲击锥的危害和安全排泄山洪的效果。目前，沟道治理中非常常见的就是沟头防护工程和以拦沙坝、拦泥淤地为主的拦截泥沙工程、以淤地坝为主的基本农田建设工程等。

（3）山洪石流疏导工程。水土保持的施工措施中很重要的一项工程就是拦截泥沙工程，即为了拦截山洪或者是泥石流中的固体位置来减少泥沙灾害威胁的措施，其中最常用的一种方法就是拦沙坝。拦沙坝有时也称拦泥坝，坝高一般在 3 ~ 15m，其功能主要包括以下三个方面：一是减少泥沙对下游区域的危害，利于开展对下游河道的整治；二是控制泥沙和淤泥的随意流动，减少山洪危害；三是加固坝址的抗侵蚀能力，减弱淤积河段抬高河床的风险，控制河流流速和径流深，降低水流的侵蚀危害。

（4）小型水库蓄水供水工程。小型水库的功能主要在于拦截坡地径流以及地下潜流等、降低水土流失的危害程度，而且能够方便灌溉农田，达到提高作物产量的效果。除了小型水库，还可以采取的其他小型蓄水用水工程包括蓄水塘坝、引水上山、淤滩造田等措施。

三、技术研究进展

流域治理的目的在于在控制水土流失的同时，为国家建设和人民生活提供必要的物质财富。也就是控制河流泥沙，防治水土流失，减少自然灾害，保护、开发和合理利用水土资源，并在此基础上实现资源、环境和经济的持续发展。

然而流域治理是一项既复杂又困难的工作且牵扯面广、技术难度高。有些问题只需要实际的投资便可解决，而有一些问题则需要政策或社会变革才能解决。现今，我国在流域治理领域的技术多样，主要在生态林业、水土保持工程及3S技术方面深入研究，力求通过人为技术改良、制定和实施流域总体措施，将"土、水、肥、植被"作为一个系统建立水土流失综合防治技术体系，使流域内的一切生产生活活动和流域生态系统的承载力相协调。

（一）国内外流域治理研究历程

1. 国外流域治理研究历程（以美国、欧洲为例）

由于世界各国的自然条件和社会经济发展状况不同，其小流域治理研究的侧重点也各不相同。美国流域治理起源于水土保持运动，1933年成立了田纳西流域管理局，开始流域治理工作，在对水土资源管理方面获得显著成就。美国国会1954年通过的公共法第556号法案授权农业部在技术和财政上协助地方组织规划和实施小流域治理计划，使小流域治理工作日益普及，其开发治理的重点在于耕作措施的改进。在小流域治理的研究方面，早在1914年，美国已有了农牧区径流量及径流强度的资料积累。1935年，美国创建了土壤保持局，使土壤侵蚀方面的研究更为系统化。1956年，提出了著名的通用土壤流失方程式。20世纪60年代，又根据多年土壤侵蚀观测和研究资料，采用现代技术建立起侵蚀的数学模型，主要是水蚀的数学模型。20世纪80年代，美国开展了横跨欧、亚、美洲的若干个国家联合研究，以期预报全球土壤侵蚀和粮食发展趋势。20世纪90年代后，美国推出新一代土壤侵蚀预测预报的计算机模型（WEPP），该模型可以预测土壤侵蚀以及农田、林地、牧场、山地、建筑工地和城区等不同区域的产沙和输沙状况。可以说，美国在土壤侵蚀机制方面的研究始终处于世界领先地位。

欧洲文艺复兴以后，围绕因滥伐山地森林而引起的山地荒废，阿尔卑斯山区各国如奥地利和瑞士等国采取了以恢复森林为中心的山区荒溪流域治理。奥地利于1884年制定了世界上第一部荒溪流域治理法，总结了一套完整的防治山洪和泥石流的森林工程措施体系。欧洲于1950年成立了欧洲小流域工作组，作为欧洲林业委员会的下属机构进行流域管理工作。发达国家的小流域治理注重于土壤侵蚀机制和水土流失预测预报方面的研究，工程施工采取机械化。而发展中国家由于人口、环境、资源问题的日益突出，大多数国家注重于综合措施体系和综合效益方面的研究，工程措施采取人工方法。将系统科学理论、生态经济理论和可持续发展理论及 3S 技术应用到小流域的治理当中，力求实现小流域经济和区域经济的可持续发展，是各国小流域治理发展的方向。

2. 国内流域治理研究历程

我国是世界上开展小流域治理较早的国家之一。早在 2300 多年前的秦汉时期就有修建梯田的记载。20 世纪 20 年代，我国水保研究处于探索阶段，50 年代为发展阶段，到 80 年代以后为辉煌阶段。

20 世纪 50 年代，为探索有效的治理方法和途径，山西、陕西等省的一些地方在支毛沟流域进行了生物措施与工程措施相结合的综合治理试验。这实际上是小流域综合治理的雏形。50 ~ 80 年代，虽然面上治理措施的配置比较分散、效果不理想，但通过曲折的探索，使人们对水土流失规律的认识实现了螺旋式的上升，为后来小流域综合治理概念的正式提出和确立做了思想准备。

党的十一届三中全会后，"小流域综合治理"概念正式进入水土保持行业的视野。小流域治理是水土保持工作的新发展，符合水土流失规律，能够更加有效地开发利用水土资源，为此，国家要求各省区认真予以推广，加快小流域治理。从此，水土保持工作扭转了单项措施分散治理的局面，开始走上小流域综合治理的轨道。这一治理思路的确立也从根本上解决了长期困惑水土保持工作的方法论问题，为实现各种措施的优化配置提供了理论依据。但由于当时投入能力的限制，这一阶段的小流域治理依然停留在较低的层次上，治理成效也相对有限。

到 20 世纪 90 年代初，全国的小流域治理不仅有了广泛的群众基础和相当的治理规模，而且有了一批效益显著的建设典型。但随着社会主义市场经济体制的逐步建立和完善，小流域治理又出现了新的矛盾和问题，集中体现在：治理效益偏低、措施配置不尽合理、工程质量不高、管理跟不上等；小流域治理开发的经济效益不明显，群众参与治理开发的积极性受到很大影响。在这种情况下，各地相继提出以经济效益为中心、治理与开发相结合、小流域治理同区域经济发展相结合、发展水保特色产业的思路。

近几十年，我国小流域治理研究在土壤侵蚀机制、抗蚀性、抗冲性、预测预报、综合措施和效益评价等方面均取得了一系列重要成果，其中在综合措施方面已形成了一套完整的综合措施体系。

（二）流域治理生态林业技术

新中国成立之初，全国各地在对传统的流域治理林业技术措施进行总结的同时，开展了水土流失的调查、封山育林技术研究，并提出以生物措施为主、生物措施与工程措施相结合的流域治理观点。

20 世纪 60 年代中后期，针对主要流域内不同类型区的水土流失规律、水土保持林业技术措施及效益进行了定点试验和专题研究，着重实验了水平梯田、反坡梯田整地技术及水土保持林营造技术。

60年代后，进行了不同植被类型的水土保持效益试验研究，开展了主要树种水土保持性能分析，并据此提出流域内营造混交林、采用适宜整地方式、加大造林密度、弱度抚育和保护枯枝落叶层是提高水保作用的重要技术措施。

20世纪80年代，国家设立"流域综合治理"攻关项目，尤其是"三北"防护林、长江中上游、黄河中游、淮河及太湖流域、辽河流域、珠江流域等工程的建设以及其他林业生态工程项目的开展，有力地促进了我国流域治理林业技术的发展。期间，较系统地总结出比较完善的流域治理林业技术体系；对水土保持林营造及经营技术进行了较深入研究，初步探讨了水土保持林的效益与机理。如北京林业大学和黄河流域内的林科所合作，开展了黄河流域内立地类型划分和适地适树研究，并以林草建设为突破口对山西吉县水土流失进行综合治理研究，采用"水保三料林"为主体，与水土保持林、水源涵养林、川道区农田防护林结合乔灌草立体结构的林中配置对农、林、牧等生产用地进行优化。陕西省筛选出沙打旺、沙棘和柠条等适宜黄河中游的飞播树种，突破了坡面破土等关键技术，采用飞机播种造林治理黄河流域内水土流失，提出了抗旱造林配套技术措施和黄河流域防护林体系建设模式。

20世纪90年代后，在继续加强流域内水土流失规律、水土保持林业技术措施、水土保持林效益等方面定位试验和专题研究的基础上，我国的流域治理生态林业技术开始了由单纯流域防护性治理向开发性治理、分散治理向综合治理、单纯追求生态效益向生态效益、社会效益和经济效益同步的转化。

随着我国对水资源开发力度的不断加大，大部分流域生态环境出现了急剧恶化的现象，使得水生态服务价值的发挥受到一定程度的影响。因此，为了满足生态环境的可持续协调发展以及经济社会的全面发展，需要通过生态林业技术对生态破坏严重的流域进行治理，以最大限度地恢复流域生态功能。

1. 营造河堤河岸防护林

在河堤与河岸的地方营造防护林，能有效抑制水流速度、防止水流冲刷河堤和河岸。通常来说，营造的河堤河岸防护林的宽度应控制在10m左右最好，并在坝堤迎水处距离堤角2m以外和背水处距离堤角5m左右的地方营造防护林带。

2. 营造沟边防蚀林

营造沟边防蚀林能有效截住水流，以此来调节林带土壤下产生的地表径流，避免垮塌或沟壑持续发展。沟边防蚀林通常使用在侵蚀沟发展比较差或比较稳定的基础上，一般选在距离沟岸1.5m的地点营造沟边防蚀林，营造宽度通常控制在13m左右。

3. 营造沟底防护林

营造沟底防护林就是在侵蚀沟的底部营造防护林，此方法能有效避免地表流水里附带的泥沙流进河流，进而防止河道淤塞或堵塞。营造沟底防护林最适合的树种是柳树，需选择水流量较低的地方种植，栽种间隔为 5 ~ 10m，每栅 5 ~ 10 行，植株间距需要控制在 0.3 ~ 0.5m。

4. 营造沟坡防护林

营造沟坡防护林就是在一些坡地较低且沟坡坍塌停止的沟坡处种植林带。营造沟坡防护林能避免侵蚀沟持续发展，但需要明确的是，栽种植物时不能直接播种造林，最好选择埋干或插条的方法造林，也可以用大苗种植造林。

5. 营造水流调节林

水流调节林适用于有坡地的地方，并且应建造在坡地的中央处，这样才能够发挥最好的水土保护作用。建造水流调节林能有效抑制地面水流的速度，确保地面土壤能够有效吸收下渗的雨水，把地表水分即时转变为地下水。

在因地制宜地确定具体技术措施的同时，在树种选择上也要遵循以下三个原则。一是以乡土树种为主，适地适树原则。即以乡土树种为主，选定适宜工程区生长且具有较好生态效能的树种，根据不同的立地条件适地适树，并根据各树种生物学特性进行合理配置。二是经济实用原则。即充分调动当地群众的积极性，适当考虑造林树种的经济价值，选择珍贵、经济效益较高的树种进行造林。三是生态防护原则。流域两岸生态环境脆弱，应重点选择耐瘠、耐旱、绿化、美化效果好且防护功能强的树种。

（三）流域治理河口泥沙治理技术

据统计，全世界每年从河流带入海洋的泥沙高达 200 亿吨，河流是海陆交互作用的一个重要媒介。长期以来，河口泥沙扩散是沉积学和地貌学的重要研究内容，而定量研究是充分认识这一自然过程的必要手段。定量研究河口泥沙扩散的方法基本分为两类。一类是直接测量水体中的泥沙（或与泥沙密切相关的物质）含量，结合水利条件计算水体搬运的泥沙数量，这类方法大多都只能给出一个短期泥沙扩散的定量估计值或泥沙扩散的方向、距离等定型的估计数据；另一类是通过测量研究区沉积物的沉积速率间接得到泥沙扩散的方向和数量，此方法可以得到长时间尺度的泥沙扩散定量估计值。

（四）流域治理水库防淤减淤技术

随着水库淤积的日趋严重，库容逐年减小，这是近年来水库水土流失存在的一个严重问题。因此，运用科学地排沙技术和管理措施，摸索一套行之有效的减淤、防御办法，可为水库的兴利库容提供保证。

1. 库区流域综合治理技术

由于风化作用和人类农业活动的加剧，加之降雨的冲刷作用比较强烈，西北地区土壤的表层颗粒十分松散，中、细颗粒土的强度非常低，抗冲刷能力非常弱，导致每次降雨都形成一次比较大的高含沙水流运动。近年来，水库减淤工作卓见成效。例如，陕西陇县段家峡水库于 1981 年被列为水保治理区后，经过十年治理，水库淤积减少了 78%。做好流域的植树造林、生态养护工作，既可以防治水土流失，又可以发展绿色产业。同时，通过修建淤地坝等小型拦水建筑物，也可加强上游的拦沙阻沙效果。

2. 水库减淤辅助技术

枢纽地洞排沙是一种水库减淤辅助技术。其利用坝前底洞将入库泥沙部分或全部排泄出库，使水库留有一定的永久使用库容，是目前唯一可行的水库减淤措施。但此技术要求水库具有配套的排沙底洞，一般情况下灌溉防水洞兼排沙洞可以一洞多用。在榆林市 19 座小 1 型以上水库中，有 15 座设置了灌溉兼排沙底洞而且都有一定的泄流规模，这使得榆林成为全省水库淤积最为缓慢的城市。

（五）河道淤积缓解技术

为缓解河道淤积，一些学者提出利用高含沙水流极高的挟沙能力进行长距离输泥。关于高含沙水流的粒径组成，学者们做了很多研究。钱宁等提出按物质组成的不同，高含沙水流可以分为两种，即以细粉沙及黏土等细颗粒为主的高含沙水流和以细沙以上粗颗粒为主的高含沙水流。我国西北地区的高含沙水流介于上述两种之间。戴纪岚等研究管流时发现，一定粒径的颗粒都存在一个最佳及配和细颗粒最优含量问题。许炯心发现黄土高原的高含沙水流中存在可以使含沙量达到最大的悬移质泥沙最优粒度组成。目前，基于现场粒度资料进行的相关研究尚不多见。

（六）示踪技术

自 20 世纪 70 年代，国外学者利用放射性示踪技术开展了流域侵蚀产沙来源和沉积泥沙年代划分研究。国内在 20 世纪 80 年代开始这方面的研究。张信宝等根据黄土丘陵区小流域淤地坝记录的信息，利用 ^{137}Cs 示踪技术研究了黄土高原丘陵沟壑区小流域沟间地和沟谷地的产沙比，这一成果对深入认识黄土高原小流域侵蚀产沙规律、定量评价小流域侵蚀产沙强度变化过程具有重要意义。利用 ^{137}Cs 示踪技术，可根据淤地坝泥沙沉积剖面及流域表层土壤中 ^{137}Cs 的含量，通过对次洪水沙量和降雨资料进行对比分析，重建小流域侵蚀产沙的历史变化过程，为获得无观测小流域的侵蚀产沙资料提供方法。

（七）节水灌溉技术

江河流域的开发利用一般来说可以分为四个阶段：① 原始阶段；② 简易开发阶段，有简单的水工程，星星点点，就地引用，互不关联，全河水的引用率低，有效利用率也很低，因此水量上不匮乏，但也未能充分发挥其经济效益和社会效益；③ 局限工程开发阶段，局部的大规模开发，在流域周边地区水资源利用可发挥较高的经济和社会效益，但在有些流域河段上下游之间、不同地区之间用水矛盾突出，全局考虑少，环境效益差，水资源浪费现象与短缺现象并存，有效利用率不高；④ 宏观治理阶段，上下游全面兼顾，布置全河性的水工程系统，统一开发，水资源的经济效益、社会效益和环境效益得到充分发挥。

（八）空间信息技术

小流域综合治理是一项艰巨的、长期的和复杂的建设工作，目前我国水土流失仍十分严重，小流域综合治理形势严峻，存在治理成效低、治理进度慢、治理后的巩固不够、动态监测不力、监督机制不力等问题。

流域治理中存在的这些问题，其核心是没有采用科学的、将流域治理进行整体规划和管理的有效技术和措施。随着水土保持信息化的需求日益增长、计算机网络技术和空间技术的蓬勃发展，数字水土保持工作被提出并愈发成熟。数字水土保持就是借助空间信息技术对水土流失因子、水土流失及其治理措施、水土保持管理等信息按照数字信号进行收集、分析、存储、传输和应用，为水土保持规划设计、监测预报、预防监督和综合治理等提供现代化的技术和决策支持信息，对及时公告水土流失动态、科学评价水土保持生态建设成效、提高水土流失预测预报能力、提高行政管理水平和科学决策能力等都具有十分重要的意义。

（九）3S 技术

我国的流域治理已开展了大量工作，并取得些成果，但依然存在规划、管理和监测监督等方面问题，流域治理并不理想，未能充分保证投资的有效性和高效性。GPS、RS和 GIS 技术已经在很多领域得到广泛应用，将 3S 技术的海量数据管理、空间分析与决策、动态监测监督以及其他系统的无缝集成等功能与流域治理工作有机地结合起来是科学治理水土流失、保持生态环境平衡和经济可持续发展的必然选择。

以 GIS 为核心的高分辨率 RS 影像与 GIS、GPS 的集成，使得人们能够实时地采集、处理、更新、分析数据，并在整个流域建立完善的、动态的 GPS 监测网络。利用 GIS 的多媒体网络、虚拟现实技术以及数据可视化和强大的空间数据综合分析处理能力，将依据GPS 定位技术为保障的 RS 影像进行处理，然后将其应用于整个流域及其附属的大量中、小流域的治理中，采用科学的、合理的方法进行综合治理。

1. 提供决策依据

根据 RS、GPS 获取的数据和其他社会、人文信息，利用 GIS 的空间分析如拓扑检索、叠加分析、空间结合分析、数字高程分析、网络分析等功能，进行线性与非线性、动态与静态和多目标规划等综合分析，供给管理和规划机构作为决策依据。

2. 信息和资源共享

我国大小流域众多，各流域特别是中、小流域一些有效的治理方法以及规划、管理和监督机制完全可以作为经验向其他的流域治理推广或应用。相对于常规的文献介绍与口头宣传的缓慢和不够清晰、准确而言，利用 GIS 和网络可以迅速地发布有关信息，包括各种图件、数据统计和分析，既直观又准确，真正实现了信息和资源的共享。

3. 模拟治理效果

GIS 的处理分析软件能够进行多实相、多数据源的融合分析，这对于流域面积巨大、治理方法众多的大型系统工程而言，是人类大脑的想象能力所无法做到的。

4. 流域治理动态监测

用人为的工作来全面了解和调查流域治理的结果是不可能的，而利用遥感图像和地理信息系统进行分析、判断却是轻而易举的事情。利用数月甚至数天一换的遥感影像，可以实时地了解流域治理的进度和治理后的成效，因而进行准确、规范的管理也就水到渠成。

5. 流域治理质量评价

在 GPS 定位的基础上，利用遥感图像对流域治理的具体情况、工作进度、工作量和治理成效进行汇总并通过网络提供给管理部门，进而利用 GIS 的空间分析功能进行分析、评价，得出综合治理的参数，以便提出指导或评价意见。

6. 政策监督和管理

流域治理要有良好的管理监督体系，才能达到良好的效果。利用 GPS、RS 的海量数据和 GIS 的编辑、查询、分析功能，可以快速提供管理和规划部门所需的各种相关信息如统计数据、专题图等，以便进行监督和管理。

（十）其他关键技术

1. VR-GIS 技术

VR-GIS 是在 20 世纪 90 年代开始出现的，是一种专门用于研究地球科学或以地球系统为对象的虚拟现实技术或计算机仿真技术，是虚拟现实（virtual reality，VR）与地理信息系统（GIS）的结合。虚拟现实技术是近几年来十分活跃的一个领域，是包括计算机图形学、多媒体技术、人工智能、人工接口技术、高度并行的实时计算技术和人的行为学等一系列高新技术的汇集，并且是这些技术在更高层次上的集成和渗透。传统的人工规划方法由于工作效率低下不利于预期治理成效的发挥，采用虚拟现实和 GIS 等先进的计算机技术，对于建设一套自动化的规划管理系统意义深远。

2. 数字高程模型（DEM）在小流域治理中的应用

数字高程模型（DEM）是美国麻省理工学院 Chaires L.Miller 教授于 1956—1958 年首次提出的，在满足一定精度的条件下用离散数学的形式在计算机中进行表示，并用数字计算的方式进行各种分析与应用。主要用于描述地形起伏状况，可用于提取各种地形参数如坡度、坡向、粗糙度等，并进行通视分析、流域结构分析等应用分析。近年来，国内诸多学者对 DEM 进行研究，其中涉及最多的就是 DEM 网格尺寸与精度的关系并且取得了一定成果，如贺中华、梁虹等人基于 DEM 的喀斯特流域地貌发育影响因素分析；孙希华、姚孝友等基于 DEM 的山东沂沭泗河流域地貌演化与水土流失研究；廖义善、蔡强国等基于 DEM 黄土丘陵沟壑区不同尺度流域地貌现状及侵蚀产沙趋势等研究。

SWAT（soil and water assessment tool，SWAT）是由美国农业部农业研究中心 Jeff Arnold 博士于 1994 年开发的。模型开发的最初目的是预测在大流域复杂多变的土壤类型、土地利用方式和管理措施条件下，土地管理对水分、泥沙和化学物质的长期影响。SWAT 模型以日为时间连续计算，是一种基于 GIS 基础之上的分布式流域水文模型。近年来，该模型得到了快速发展和应用，主要是利用遥感和地理信息系统提供的空间信息模拟多种不同的水文物理化学过程，如水量、水质以及杀虫剂的输移与转化过程。目前，SWAT 模型在黄河、长江、海河流域等都有较好的应用。之前，SWAT 模型都应用在较大流域尺度上，在小流域应用较少。穆婧、史明昌等以重庆市万州区陈家沟小流域为例，通过实地监测调查获取研究区土地利用、土壤、气象、流域出口断面（径流、泥沙和营养物质）以及流域管理措施等数据，利用 DEM、遥感影像以及专题图等资料获取其他数据，并对各数据进行分析处理，建立了 SWAT 模型空间及属性数据库。

（十一）生态清洁小流域技术体系

我国率先提出了生态清洁小流域治理理念和技术体系并在北京市进行应用，扩充了小流域治理内涵，提高了小流域治理标准。生态清洁小流域旨在建立生态环境良性循环的流域生态系统，使流域内水土资源得到有效保护、合理配置和高效利用，使沟道基本保持自然状态，使人类活动对自然的扰动在生态系统承载范围之内，最终实现生态系统良性循环、人与自然和谐以及人口、资源、环境协调发展。

（十二）生物—生态法

生物—生态法是国内外近年来发展迅猛的一种新技术，通过培育的植物或接种、培养的微生物的生命活动过程对流域进行治理，在固岸护坡的同时对水中污染物进行降解、转化和转移，从而让水体得到净化。该技术在实施中具有工程造价相对较低、净化效果好、低耗能或零耗能、实施成本低廉等优点。除此之外，这种处理技术不会在水体中投放药剂，绝对不会产生二次污染；还能够与绿化环境和景观改善连接起来，创造人与自然和谐相处的优美环境。

（十三）中国内陆河流域生态治理技术

中国科学院寒区旱区环境与工程研究所于 2015 年 1 月 13 日对外通报，干旱内陆河流域生态治理技术取得突破，其成果在甘肃、内蒙古、新疆、陕西、宁夏等地大面积推广和应用，累计经济效益 34.2 亿元，促进了中国西北的生态建设和社会经济发展。中科院寒旱所历时 50 余年的系统检测和研究，在绿洲平原建立了地表与地下水转化的定量关系，创新集成了水源涵养林保育、人工绿洲防护体系建设与天然绿洲生态恢复等配套技术，首次建立了内陆河流域山地—平原—荒漠系统生态恢复的水调控模式，推广面积达 5.4 万 km^2 以上。研究成果"干旱内陆河流域生态恢复的水调控机理、关键技术及应用"经过综合集成，获得 2014 年度国家科技进步奖二等奖。

四、重大应用成果

在国内水土保持学院第一任院长王礼先教授的带领下，我国在流域综合治理方面取得了突出贡献，形成的"小流域土地资源信息库在水土保持规划中的应用"成果获得国家科技进步奖二等奖，建立了我国最早的小流域资源信息库，并指引学科在流域生态修复、流域水土流失预测预报、流域治理规划设计、流域信息化管理技术等方面获得了丰硕成果。

在新世纪，系统构建了山区河流生态修复与防洪安全技术体系，确立了以防洪安全、河流自我修复为目标的治理思路和总体布局，填补了我国河流修复技术方面的空白；在国内率先提出了生态清洁小流域治理理念和技术体系并在北京市进行应用，扩充了小流域治理内涵，提高了小流域治理标准；创新小流域规划设计方法，开发专业化水土保持 GIS 工具 Region manager，实现了措施空间配置、措施典型设计以及投资概算自动化；形成《生态清洁小流域建设导则》等 3 项国家和地方标准，建立了全国水土保持信息库，并获得中国水土保持学会科学技术奖二等奖，为我国流域治理质量提升提供了支撑。

（一）生态清洁小流域标准化建设

1. 生态清洁小流域建设成果

自然、经济与技术等条件的不同使不同地区生态清洁小流域建设模式各异，其中的重大应用成果和典型的建设模式有如下几种。

（1）"三道防线"治理模式。这种模式源于北京地区。为解决水资源缺乏与用水量大、水污染严重之间的矛盾，北京市确定了以保护水源为核心的小流域综合治理理念，通过建立小流域试点工程构筑了"生态修复区、生态治理区、生态保护区"的"三道防线"治理模式。

（2）"三层次、四防区"治理模式。这种模式源于黑龙江省延寿县国家生态清洁型小流域试点工程。该模式的基本特点是按照"山坡、村庄、河道"三个层次进行整体规划，确定"生态修复、综合治理、生态农业、生态保护"四片防治区域，有针对性地配置生态林草地建设、坡耕地治理、禽畜舍改造、清洁能源建设以及沟道工程等措施。

（3）以水源保护为核心、面源污染控制为重点的治理模式。此种模式源于距南水北调核心水源区丹江口水库直线距离仅 6km 的湖北省丹江口市胡家山小流域。为切实保护好丹江口水库水质，提出了"生态修复、生态治理、生态缓冲"的治理思路，坚持分区防治，确定生态农业、村落面源污染控制和科技示范的治理模式，尤其在面源污染控制上突出"荒坡地径流控制、农田径流控制、村庄面源污染控制、传输途中控制、流域出口控制"的五级防护模式。

（4）以安全为重点的小流域综合整治治理模式。此种模式在生态安全问题严重的南方山区以及黄土高原地区最为典型。该模式针对山区山洪与地质灾害频繁、水土流失与面源污染严重、人民的生命与财产受到威胁的实际，确立了"安全、生态、发展、和谐"的治理目标，把山洪与地质灾害防治纳入小流域治理范畴。

2. 生态清洁小流域建设措施与技术体系

生态清洁小流域的治理措施与技术归纳起来主要有工程、耕作、生物等方面的措施及相应技术。各地建设生态清洁小流域的措施与技术有着明显的不同。重要水源地如北京市等重要城市的周边山区，在措施布局上多形成以水源地保护为核心、以污水治理为重点、溯源治污、村庄配套、农业工业综合整治的技术路线；在农业比重大、地形平缓的东北平原地区，措施布局上多形成以农业面源污染控制、河流水质保护为核心，在保护原有生态环境的基础上改变农业结构与耕作方式的技术路线；在地形复杂、沟谷众多、侵蚀严重的西南以及黄土高原地区，措施布局上多形成以流域防灾减灾、保护土地资源为核心，以灾害预警、河沟坡面综合整治、面源污染控制为重点的技术路线。

3.《生态清洁小流域建设技术导则》发布

生态清洁小流域建设近年来在北京和全国逐渐推广，取得了初步成效。2013 年《生态清洁小流域建设技术导则》的发布，为在全国范围内扎实推进生态清洁型小流域建设、规范工程建设与管理等环节起到了促进作用。大连市于 2012 年启动生态清洁小流域规划编制工作，在生态清洁小流域项目区选择、建设思路、规划方法、措施布局与设计等方面形成了一系列的经验和技术总结，为生态清洁小流域实践与推广积累了经验。

（二）创新流域规划设计方法

流域规划设计是进行水土流失综合治理的科学依据和前提，必须用系统的思想和方法统观全局，统筹兼顾，以保持农林牧各业协调发展，促进生态环境良性循环和实现总体效益最佳。水土保持规划合理、准确与否将直接影响规划实施后水土保持工程效益的发挥，规划对象的多元化决定了规划的高度综合性特点，因而，经验的、定性的方法对繁杂信息处理分析的能力越来越受到限制。在流域规划设计中，我国创新了小流域规划设计方法，开发了专业化水土保持 GIS 工具 Region manager，实现了措施空间配置、措施典型设计以及投资概算自动化。这一技术和工具已被水利部推广到全国各大小流域使用。依托这些新理念和新技术，本学科教师主导和参与制定了 25 项行业标准，已被广泛应用于我国不同区域的水土流失治理、大中小流域管理中，极大地推动了我国生态环境建设，提升了生态环境建设质量。

（三）水土保持工程重大应用成果

水土保持工程措施是小流域水土保持综合治理措施体系的主要组成部分，与水土保持生物措施及其他措施同等重要，不能互相代替。水土保持工程研究的对象是斜坡及沟道中的水土流失治理，即在水力、风力、重力等外营力作用下的水土资源损失和破坏过程及工程防治措施。

根据兴修目的及其应用条件，我国水土保持工程的重大应用成果可以分为以下四种。

1. 山坡防护工程

山坡防治工程的作用在于通过改变小地形的方法防止坡地水土流失，将雨水及融雪水就地拦蓄，使其渗入农地、草地或林地，减少或防止形成地面径流，增加农作物、牧草以及林木可利用的土壤水分；同时，将未能就地拦蓄的坡地径流引入小型蓄水工程。在有发生重力侵蚀危险的坡地上，可以修筑排水工程或支撑建筑物以防止滑坡作用。属于山坡防护工程的措施有梯田、拦水沟埂、水平沟、水平阶、水簸箕、鱼鳞坑、山坡截流沟、水窖（旱井）以及稳定斜坡下部的拦土墙等。

2. 山沟治理工程

山沟治理工程的目的在于防止沟头前进、沟床下切、沟岸扩张，减缓沟床纵坡，调节山洪洪峰流量，减少山洪或泥石流的固体物质含量，使山洪安全排泄、对沟口冲积堆不造成灾害。属于山沟治理工程的措施有沟头防护工程、谷坊工程、以拦调泥沙为主要目的的各种拦沙坝和以拦泥淤地、建设基本农田为目的的淤地坝及沟道防道防岸工程等。

淤地坝作为水土保持工程措施在沟道治理中的重大应用，指的是在水土流失地区的沟道中兴建滞洪、拦泥、淤地的坝工建筑物。其作用是调节径流泥沙，控制沟床下切、沟岸扩张，减少沟谷重力侵蚀，防止沟道水土流失，减轻下游河道及水库泥沙淤积，变荒沟为良田，改善生态环境。淤地坝一般不长期蓄水，对下游也无灌溉要求，随着坝内淤积面积的逐年提高，坝体与坝地能较快地连成一个整体，实际上可看作是一个重力式挡泥（土）墙。淤地坝比水库大坝设计洪水标准低，坝坡比较陡，对地质条件要求低，在设计和运用上一般不考虑坝基渗漏和放水骤降等问题。

3. 山洪排导工程

山洪排导工程的作用在于防止山洪或泥石流危害沟口冲积堆上的房屋、工矿企业、道路及农田等具有重大经济意义的防护对象。属于山洪气压层的有排洪沟、导流堤等。

4. 小型蓄水用水工程

小型蓄水用水工程的作用在于将坡地径流及地下潜流拦蓄起来，减少水土流失危害，灌溉农田，提高农作物产量。其工程包括小水库、蓄水塘坝、淤滩造田、引洪温地、引水上山等。

（四）水土保持工程措施生态服务功能成果

生态系统服务是指人类从生态系统获得的所有惠益，包括供给服务（如提供食物和水）、调节服务（如控制洪水和疾病）、文化服务（如精神、娱乐和文化收益）以及支持服务（如维持地球生命生存环境的养分循环）。价值计算方法和蓄水拦沙指标体系作为水土保持工程措施生态服务功能物质量计算的关键，也是水土保持学科的重要研究内容。我国学者经过长期的探索和研究取得了一些有价值的研究成果。一方面，建立了径流小区和径流泥沙观测站，以土壤侵蚀和资源环境科学理论为基础，以遥感信息技术为支撑，利用全数字化方式研究多种分辨率的区域水土保持及其环境时空格局，建立了比较完善的区域水土流失评价理论与技术方法和数据支撑体系。另一方面，对各类水土保持措施的拦水、拦沙效益进行深入研究，为区域水上保持治理和生态环境建设提供实时数据支持和决策依据。如陕北安塞试区建立的丘陵沟壑区纸坊沟"水土保持型生态农业"实体模型，形成了农田水肥有效转化、土地果园补水灌溉及优质丰产栽培、林草植被恢复建造三大技术体系，提出了水土保持型生态农业持续发展的诊断评价指标。

20世纪80年代，中国科学院朱显谟院士就提出黄土高原国土整治28字方略，即"全部降水就地入渗拦蓄，米粮下川上塬、林果下沟上岔、草灌上坡下圳"，论述了黄土高原区域治理模式和水土保持措施优化配置与优化设计。20世纪90年代，中国农业大学采用市场价值法和影子工程法对水土流失的直接经济损失进行研究，把水土流失的经济损失分为直接经济损失和间接经济损失两部分。北京林业大学王礼先教授从水土流失蚕食农田进而导致土地废弃方面估算全国每年的经济损失为20亿元；因水土流失导致水库、山塘淤积的经济损失全国年达100亿元。进入21世纪，北京大学城市与环境学系土地科学中心提出有必要建立一种基于空间格局的环境与生态系统生态资产评估的区域范式，首先对评估区域进行生态地域划分，并以此作为控制性框架指导具体工作；然后分别用生态功能分区、域外价值评估、生态资产稀有性评估、生态资产需求性评估校正以上四个方面存在的问题，最终划定评估区域环境与生态系统生态资产空间格局。

参考文献

[1] Vannote R L, Minshall G W, Cummins K W, et al. The River Continuum Concept [J]. Canadian Journal of Fisheries & Aquatic Sciences, 1980, 37（2）: 130-137.

[2] Seifert A N. Naturnaeherer Wasserbau [J]. Deutsche Wasserwirtschaft, 1983, 33（12）: 361-365.

[3] Malanson G P. Riparian landscapes [M]. New York: Cambridge University Press, 1995.

[4] Poff N L, Allan J D, Bain M B. The Natural Flow Regime: a new paradigm for riverine conservation and restoration[J]. Bio-Science, 1997（47）: 769-784.

［5］Tinker D B, Resor C A C, Beauvais G P, et al. Watershed Analysis of Forest Fragmentation by Clearcuts and Roads in a Wyoming Forest［J］. Landscape Ecology, 1998, 13（3）: 149-165.

［6］Young K A Riparian Zone Management in the Pacific Northwest: who's cutting what?［J］. Environmental Management, 2000, 26（2）: 131-144.

［7］Blinn C R, Kilgore M A. Riparian Management Practices: a summary of state guidelines［J］. Journal of Forestry, 2001, 99（8）: 11-17（7）.

［8］Pedersen M L, Friberg N, Skriver J, et al. Restoration of Skjern River and Its Valley—short-term effects on river habitats, macrophytes and macroinvertebrates［J］. Ecological Engineering, 2007, 30（2）: 145-156.

［9］Nakano D, Nagayama S, Kawaguchi Y, et al. River Restoration for Macroinvertebrate Communities in Lowland Rivers: insights from restorations of the shibetsu river, north Japan［J］. Landscape & Ecological Engineering, 2008, 4（1）: 63-68.

［10］鲁子瑜, 关秀琦, 程积民, 等. 黄土丘陵区集流整地造林技术研究［J］. 水土保持通报, 1993（2）: 9-17.

［11］孙立达, 孙保平, 李中魁. 小流域综合治理的动态监测与效益评价研究进展［J］. 水土保持学报, 1993（4）: 84-96.

［12］陈国良, 徐学选. 黄土高原地区的雨水利用技术与发展——窖窖节水农业是缺水山区高效农业的出路［J］. 水土保持通报, 1995（5）: 6-9.

［13］卢琦. 亚洲地区流域治理的技术策略［J］. 世界林业研究, 1995, 8（1）: 59-63.

［14］王礼先. 水土保持学［M］. 北京: 中国林业出版社, 1995.

［15］朱显谟. 黄土高原国土整治"28字方略"的理论与实践［J］. 中国科学院院刊, 1998, 13（3）: 232-236.

［16］王礼先. 流域管理学［M］. 北京: 中国林业出版社, 1999.

［17］吕康娟. 基于地理信息系统（GIS）的小流域综合治理规划研究［D］. 哈尔滨: 东北农业大学, 2000.

［18］俞瑞钊, 陈奇. 智能决策支持系统实现技术［M］. 杭州: 浙江大学出版社, 2001.

［19］马克明, 孔红梅, 关文彬, 等. 生态系统健康评价: 方法与方向［J］. 生态学报, 2001, 21（12）: 2106-2116.

［20］许峰, 郭索彦. 我国水土保持管理领域中3S技术的应用与发展方向［J］. 山地农业生物学报, 2001, 20（4）: 297-300.

［21］陈伯让. 黄河水土保持生态工程建设实践［J］. 中国水土保持, 2002（10）: 10-11.

［22］徐刚标, 张合平. 流域治理生态林业技术研究进展［J］. 广西林业科学, 2002, 31（2）: 55-57.

［23］郑天柱, 周建仁, 王超. 污染河道的生态修复机理研究［J］. 环境科学, 2002（s1）: 11-13.

［24］陈建刚, 侯旭峰, 吴敬东. 北京北部山区石匣小流域综合治理模式研究［J］. 北京水务, 2002（6）: 18-20.

［25］杨秀石, 毛明海. 浙江省小流域治理态势分析与展望［J］. 科技通报, 2003, 19（3）: 256-259.

［26］蔡庆华, 唐涛, 刘建康. 河流生态学研究中的几个热点问题［J］. 应用生态学报, 2003, 14（9）: 1573-1577.

［27］王艳莉, 王昭艳, 孟菁玲. 流域综合治理中的系统问题［J］. 南方林业科学, 2003（6）: 38-39.

［28］杨海军, 内田泰三, 盛连喜, 等. 受损河岸生态系统修复研究进展［J］. 东北师大学报（自然科学）, 2004, 36（1）: 95-100.

［29］姜德文. 以生态修复为指导思想的水土保持技术路线探讨［J］. 水土保持通报, 2004, 24（6）: 86-89.

［30］杨才敏. 古代水土保持浅析［J］. 水土保持应用技术, 2004（4）: 10-12.

［31］张芸香, 白晋华, 郭晋平. 基于景观格局定量分析的流域治理——以文峪河流域为例［J］. 山地学报, 2005, 23（1）: 80-88.

［32］王浩云, 任勇. WTO《农业协定》的主要缺陷及对多哈回合的展望［J］. 经济师 2005（8）: 28-29.

[33] 毕小刚，杨进怀，李永贵，等. 北京市建设生态清洁型小流域的思路与实践［J］. 中国水土保持，2005（1）：18-20.

[34] 夏江宝，陈仲杰，刘信儒，等. 山地水土保持林改良土壤效应的研究［J］. 水土保持研究，2005，12（1）：170-172.

[35] 赵彦伟，杨志峰. 河流生态系统修复的时空尺度探讨［J］. 水土保持学报，2005，19（3）：196-200.

[36] 滑丽萍，郝红，李贵宝，等. 河湖底泥的生物修复研究进展［J］. 中国水利水电科学研究院学报，2005，3（2）：124-129.

[37] 李睿华，管运涛，何苗，等. 用美人蕉、香根草、荆三棱植物带处理受污染河水［J］. 清华大学学报（自然科学版），2006，46（3）：366-370.

[38] 祁生林. 生态清洁小流域建设理论及实践［D］. 北京：北京林业大学，2006.

[39] 王延贵，胡春宏. 流域泥沙的资源化及其实现途径［J］. 水利学报，2006，37（1）：21-27.

[40] 中华人民共和国水利部. GB/T 20465-2006 水土保持术语［R］. 北京：中国标准出版社，2006.

[41] 朱恒峰，康慕谊，赵文武，等. 水利水保措施对延河流域侵蚀、泥沙输移和沉积的影响［J］. 水土保持研究，2007，14（4）：1-4.

[42] 韩富贵. 密云县建设生态清洁小流域的实践［J］. 中国水土保持，2007（9）：47-49.

[43] 黄炳彬，刘祥忠，侯旭峰，等. 北方地区流域水生态环境综合治理理论与技术初探［J］. 中国水土保持，2007（9）：31-33.

[44] 丰华丽，陈敏建，王立群. 河流生态系统特征及流量变化的生态效应［J］. 南京晓庄学院学报，2007，23（6）：59-62.

[45] 段淑怀，路炳军，王晓燕. 浅谈北京市山区水土流失与非点源污染［J］. 中国水土保持，2007（9）：10-11.

[46] 陈荣，昝学才，丁兵. 南汀河流域水沙特性分析及其治理对策［J］. 人民长江，2008，39（2）：25-27.

[47] 商秋静. 黑河地区实用节水灌溉技术探讨［J］. 黑龙江水利，2008（4）：44.

[48] 杨爱民，王浩，孟莉. 水土保持对水资源量与水质的影响研究［J］. 中国水土保持科学，2008，6（1）：72-76.

[49] 唐方云，陈红. 试论"3S"技术及其在水土保持中的应用［J］. 水土保持应用技术，2008（2）：33-35.

[50] 杨坤. 北京市生态清洁小流域治理模式研究［J］. 中国水土保持，2009（4）：4-6.

[51] 董哲仁，孙东亚，彭静. 河流生态修复理论技术及其应用［J］. 水利水电技术，2009，40（1）：4-9.

[52] 董哲仁. 河流生态系统研究的理论框架［J］. 水利学报，2009，40（2）：129-137.

[53] 杨丽蓉，陈利顶，孙然好. 河道生态系统特征及其自净化能力研究现状与发展［J］. 生态学报，2009，29（9）：5066-5075.

[54] 李智广，罗志东，赵院，等. 我国数字水土保持建设基本思路［J］. 中国水土保持科学，2009，3（3）：1-5.

[55] 孙景波. 黑龙江省林业生态工程发展战略与对策研究［D］. 哈尔滨：东北林业大学，2009.

[56] 胡晓静，叶芝菡，常国梁，等. 基于 Arc GIS 的生态清洁小流域地块划分及应用［J］. 北京水务，2009（s2）：47-50.

[57] 李仁辉，潘秀清，金家双. 国内外小流域治理研究现状［J］. 水土保持应用技术，2010（3）：32-34.

[58] 曹军骥，安芷生. 青海湖流域生态和环境治理技术集成与试验示范项目简介及主要进展［J］. 地球环境学报，2010，1（3）：158-161.

[59] 刘培峰，巩德武，段景洪. 生态清洁型小流域治理模式在水土流失治理中的应用［J］. 黑龙江水利科技，2010，38（3）：226.

[60] 马丰丰，田育新，罗佳，等. 生态清洁小流域评价指标体系的构建［J］. 湖南林业科技，2010，37（3）：82-84.

[61] 周萍，文安邦，贺秀斌，等. 三峡库区生态清洁小流域综合治理模式探讨［J］. 人民长江，2010，41（21）：

85-88.

［62］贾鎏，汪永涛. 丹江口库区胡家山生态清洁小流域治理的探索和实践［J］. 中国水土保持，2010（4）：4-5.

［63］余俊波，陈雪梅，陈雯雯. 基于区域合作视角下的流域治理生态模型构架及其应用研究［J］. 西北农林科技大学学报（社会科学版），2011，11（6）：58-62.

［64］刘瑞霞. 地理信息系统和遥感技术在小流域水土保持综合治理中的应用研究［D］. 呼和浩特：内蒙古农业大学，2011.

［65］余新晓. 小流域综合治理的几个理论问题探讨［J］. 中国水土保持科学，2012，10（4）：22-29.

［66］胡德胜，潘怀平，许胜睛. 创新流域治理机制应以流域管理政务平台为抓手［J］. 环境保护，2012（13）：37-39.

［67］莫明浩，方少文，涂安国，等. 水土流失面源污染及其防控研究综述［J］. 中国水土保持，2012（6）：32-34.

［68］吴星权. 流域治理技术应用进展［J］. 农业科技与装备，2012（9）：64-66.

［69］穆婧，史明昌，郭宏忠，等. 基于SWAT模型的小流域面源污染负荷时空分异研究——以重庆市万州区陈家沟小流域为例［J］. 中国水土保持，2013（9）：49-52.

［70］吴菊安. 小流域综合治理型农业生态旅游发展研究［J］. 农业展望，2013，9（10）：41-44.

［71］郑晓，黄涛珍，冯云飞.（2014）. 基于生态文明的流域治理机制研究［J］. 河海大学学报（哲学社会科学版），2014（4）：37-40.

［72］田蕴慧. 浅析中国的流域治理［J］. 管理观察，2016（1）：45-48.

［73］柳林夏. 基于ArcGIS的小流域综合治理规划——以罗家河小流域为例［D］. 西安：长安大学，2016.

撰稿人：程金花　张洪江　王　平

岩溶石漠化

一、引言

我国岩溶地貌分布广泛，面积超过 50 万 km^2，同时石漠化危害非常严重，仅西南八省（市／自治区）集中连片分布的石漠化就有 12.96 万 km^2，受石漠化危害的影响人群高达 2.2 亿，已对我国长江、珠江流域等人口密集和经济发展重要区域的生态安全造成严重威胁。2012 年 11 月，中国共产党第十八次全国代表大会报告中把建设生态文明纳入中国特色社会主义事业"五位一体"总体布局。2016 年 1 月 5 日，中共中央总书记习近平同志在推动长江经济带发展座谈会上明确指出要实施好岩溶地区石漠化治理工程。2017 年 10 月，中国共产党第十九次全国代表大会明确提出"要实施重要生态系统保护和修复重大工程，开展国土绿化行动，推进荒漠化、石漠化、水土流失综合治理"，为继续推进石漠化治理提供了行动指南。加强石漠化灾害治理已成为全社会广泛关注、政府高度重视的生态问题。

（一）岩溶石漠化的概念

岩溶又称喀斯特，指以水对可溶性岩石化学溶蚀作用为主，流水的冲蚀、潜蚀和崩塌等机械作用为辅的地质作用。由岩溶作用（或喀斯特作用）形成的地下形态和地表形态称为岩溶地貌或喀斯特地貌。喀斯特地貌在地球表面广泛分布，全球喀斯特面积约 510 万 km^2，约占世界陆地总面积的 12%。我国岩溶地貌分布广泛，除了南方喀斯特区外，华北、东北、蒙新及青藏高原等区域也发育有岩溶地貌，但其中以西南岩溶地貌面积最大也最为典型。中国南方喀斯特区位于全球性碳酸盐岩带上，与欧洲地中海沿岸、美国东部喀斯特区并称为全球三大喀斯特区。我国西南岩溶区涉及云贵高原、湘桂丘陵、青藏高原，并以云贵高原为中心，包括贵州、云南、广西、湖南、湖北、重庆、四川、广东八省（直辖市、自治区），碳酸盐岩出露面积超过 50 万 km^2，是全球喀斯特集中分布区中面积最大、岩溶发育最强烈的典型地区。其中贵州锥状喀斯特地形是全球锥状喀斯特地形中发育演化过程最完整、保存相关遗迹最丰富、集中连片分布面积最大和地貌景观最典型的地区。

王德炉（2003）归纳了石漠化的两种内涵，即广义的石漠化和狭义的石漠化。广义的石漠化是指以流水侵蚀作用为主的，包括多种地表物质组成的以类似荒漠化景观为标志的土地退化过程。具体类型有：① 主要发生在闽、粤、湘、桂东南和赣南一带花岗岩风化壳、水土流失严重地区，在重力作用下以崩岗方式发展形成的"白沙岗"和"红沙岗"荒漠化；② 发生在赣、湘、鄂西及浙、桂、闽等省红壤和第四纪红色岩系地区的"红色荒漠化"；③ 主要发生在贵州高原和桂北地区丘陵的碳酸盐岩地区，因植被破坏、流水冲刷形成的"石山荒漠化"；④ 主要发生在四川紫色砂页岩地区，因岩性构造疏松、地表侵蚀严重形成基岩裸露的"石质坡地"；⑤ 发生在泥石流、滑坡等活动频繁的陡坡峡谷地区，形成以沙石堆积为主的"砾质荒漠化"；⑥ 发生在矿藏丰富地区，以采矿采石采砂为主形成的碎石覆盖地；⑦ 发生在河流下游的冲击平原以及中游的河谷平原的沙质阶地和沙质河漫滩、海成阶地或海成沙堤。可以认为，广义石漠化实际上包括了除风蚀荒漠化、盐渍荒漠化外大部分水蚀荒漠化的类型。由于地质条件、气候因素以及社会环境的差异，这些类型的石漠化有着不同的成因和形成过程，在本质上有一定的差异。

狭义的石漠化是指在南方（特别是滇、黔、桂）湿润地区碳酸盐岩（石灰岩、白云岩等）形成的生态环境脆弱的喀斯特区，由于人类不合理活动造成植被破坏、水土流失、岩石逐渐裸露、土地总体生产力衰退或丧失、土地利用率低、地表在视觉上呈现石漠景观的演变过程，是自然因素和人为因素共同作用的结果，大部分学者也认可了该定义。但是，笔者认为需要进一步界定石漠化的概念，其原因有二。首先，从我国石漠化灾害分布情况来看，不仅在湿润区存在石漠化灾害，而且在半湿润区也存在石漠化土地和地貌景观，如安徽淮北石质山地、山西太行山喀斯特景观、北京十渡喀斯特地质地貌景观等均处于我国干湿状况分区中的半湿润区。其次，从全球喀斯特地貌的分布来看，世界三大连片喀斯特区包括了中国西南喀斯特地区、地中海沿岸、北美东海岸，从热带到寒带、由南到北都有喀斯特地貌发育和石漠化现象。故课题组认为石漠化是指在岩溶极其发育的自然背景下，受人为活动干扰，使地表植被遭受破坏，导致土壤严重流失、基岩大面积裸露或砾石堆积的土地退化现象，也是岩溶地区土地退化的极端形式。《中国石漠化状况公报》中规定的潜在石漠化是指基岩为碳酸盐岩类，岩石裸露度（或砾石含量）在 30% 以上，土壤侵蚀不明显，植被覆盖较好（森林为主的乔灌盖度达到 50% 以上，草本为主的植被综合盖度在 70% 以上）或已梯土化，但如遇不合理的人为活动干扰极有可能演变为石漠化土地，课题组认为这也应该属于石漠化土地类型，是一种微度石漠化类型；而《中国石漠化状况公报》中规定的岩溶区非石漠化土地，由于容易演变成石漠化土地则属于潜在石漠化土地。因此，在岩溶区土地类型只存在两种类型的土地，一种是石漠化土地，另一种是潜在石漠化土地。

（二）我国岩溶石漠化治理概况 [①]

1. 石漠化调查概况

2004—2005 年，国家林业局组织开展了岩溶地区石漠化土地监测工作，于 2007 年6 月发布岩溶地区石漠化状况公报。针对岩溶地区地形复杂、地块破碎、单纯依靠遥感技术对植被覆盖下的地类判别的局限性，此次监测采用地面调查与遥感技术相结合、以地面调查为主的技术方法。监测范围涉及湖北、湖南、广东、广西、贵州、云南、重庆、四川八省（自治区、直辖市）的 460 个县（市、区），监测区总面积达 107.14 万 km^2，监测区内岩溶面积为 45.10 万 km^2。参与监测的技术人员达 3600 人，共区划和调查图斑61.2 万个，获取各类信息记录 5000 多万条。该调查结果显示，我国南方石漠化危害态势严重，防治形势依然严峻，并已严重制约了区域经济社会的发展，加快石漠化防治刻不容缓。

2011 年年初，国家林业局组织开展了岩溶地区第二次石漠化监测工作，并于 2012年 6 月发布中国石漠化状况公报。该次监测工作中直接参加工作的技术人员达 4000 余人，历时一年半，采用地面调查与遥感技术相结合、以地面调查为主的技术路线，全面应用 "3S" 技术，共区划和调查地面图斑 230 多万个，建立了包括 4 万余个 GPS 特征点、近亿条信息在内的岩溶地区石漠化监测地理信息管理系统，取得了客观、可靠的监测数据。监测结果表明，我国土地石漠化整体扩展的趋势得到初步遏制，由过去持续扩展转变为净减少，岩溶地区生态状况呈良性发展态势，但局部地区仍在恶化，防治形势仍很严峻。

2. 石漠化综合治理概况

2008 年 4 月，国务院批复了《岩溶地区石漠化综合治理规划大纲（2006—2015）》，范围涉及贵州、云南、广西、湖南、湖北、四川、重庆、广东八省（自治区、直辖市）的 451 个县（市、区）。石漠化综合治理一期工程自 2008 年启动实施以来，截至 2015 年，316 个重点县已累计完成中央预算内专项投资 119 亿元、地方投资 20.1亿元，完成岩溶土地治理面积 6.6 万 km^2、石漠化治理面积 2.25 万 km^2。在专项投资的带动下，451 个石漠化县积极整合退耕还林、天然林保护、长江防护林、珠江防护林、农业综合开发、土地整治等相关方面的中央资金规模达 1300 多亿元，初步完成石漠化

---

① 　下文中关于石漠化的数据仅限于目前具有调查数据的西南八省（自治区、直辖市），即湖北、湖南、广东、广西、贵州、云南、重庆、四川，数据均来自 2012 年中国石漠化状况公报。

治理面积 4.75 万 km²。

2016 年 3 月 21 日，国家发展改革委、国家林业局、农业部、水利部联合发布《岩溶地区石漠化综合治理工程"十三五"建设规划》，目标为到 2020 年，治理岩溶土地面积不少于 5 万 km²，治理石漠化面积不少于 2 万 km²，林草植被建设与保护面积 1.95 万 km²，林草植被覆盖度提高 2 个百分点以上，区域水土流失量持续减少，基本遏制石漠化土地扩展态势，岩溶生态系统逐步趋于稳定，土地利用结构和农业生产结构不断优化，工程区农民人均纯收入增速高于全国平均水平，生态经济发展环境稳步好转，农村经济逐渐步入稳定协调可持续的良性发展轨道。

3. 石漠化的分布特征

根据 2012 年 6 月国家林业局公布的中国石漠化状况公报，我国石漠化土地涉及西南 11 省（自治区、直辖市）的 455 个县 5575 个乡。其中，贵州省石漠化土地面积为 302.4 万公顷，占石漠化土地总面积的 25.2%，是 8 个省份中面积和占比最大的；云南、广西、湖南、湖北、重庆、四川和广东石漠化土地面积分别为 2.84 万 km²、1.93 万 km²、1.43 万 km²、1.09 万 km²、0.90 万 km²、0.73 万 km² 和 0.06 万 km²，分别占石漠化土地总面积的 23.7%、16.0%、11.9%、9.1%、7.5%、6.1% 和 0.5%（图 1）。

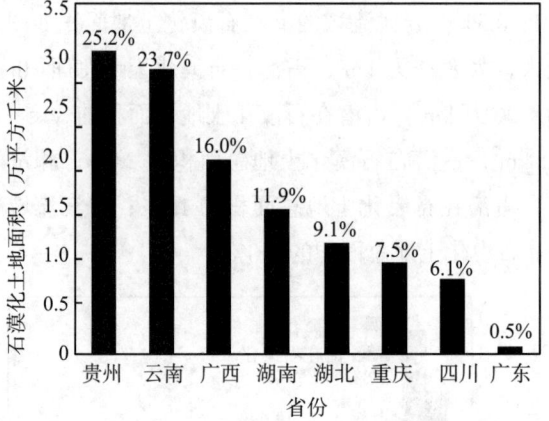

图 1　我国西南八省（自治区、直辖市）2011 年石漠化土地面积及其占比

截至 2011 年年底，岩溶地区潜在石漠化土地总面积为 1.33 万 km²，占岩溶土地面积的 29.4%，占区域国土面积的 12.4%，涉及湖北、湖南、广东、广西、重庆、四川、贵州和云南八省（自治区、直辖市）463 个县 5609 个乡。按照省份划分，贵州省潜在石漠化土地面积最大，为 3.26 万公顷，占潜在石漠化土地总面积的 24.5%；湖北、广西、云南、湖南、重庆、四川和广东，分别为 2.38 万 km²、2.29 万 km²、1.77 万 km²、1.56 万 km²、0.87 万 km²、0.77 万 km² 和 0.42 万 km²，分别占潜在石漠化土地总面积的 17.9%、17.2%、13.3%、11.7%、6.5%、5.8% 和 3.1%（图 2）。

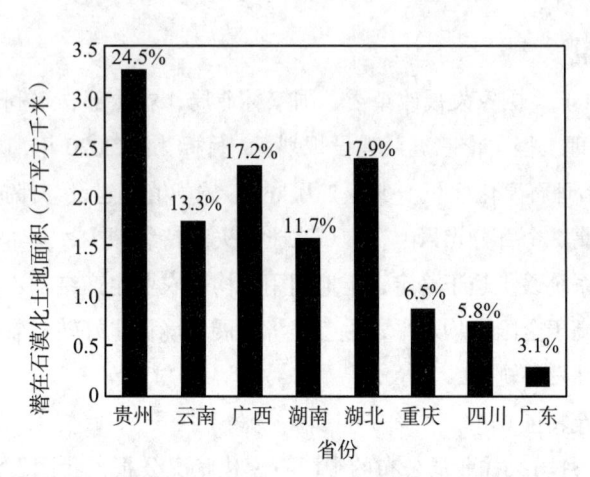

图 2　我国西南八省（自治区、直辖市）潜在石漠化土地面积及所占百分比

　　按照流域分布状况，长江流域石漠化土地面积为 6.96 万 km²，占石漠化土地总面积的 58.0%；珠江流域石漠化土地面积为 4.26 万 km²，占石漠化土地总面积的 35.5%；红河流域石漠化土地面积为 0.57 万 km²，占石漠化土地总面积的 4.8%；怒江流域石漠化土地面积为 0.15 万 km²，占石漠化土地总面积的 1.2%；澜沧江流域石漠化土地面积为 0.07 万 km²，占石漠化土地总面积的 0.5%。五大流域的潜在石漠化土地面积如图 3 所示，长江流域潜在石漠化土地面积最大，为 8.71 万 km²，占潜在石漠化土地总面积的 65.4%；珠江流域潜在石漠化土地面积为 4.06 万 km²，占潜在石漠化土地总面积的 30.5%；红河流域潜在石漠化土地面积为 0.27 万 km²，占潜在石漠化土地总面积的 2.0%；澜沧江流域潜在石漠化土地面积为 0.15 万 km²，占潜在石漠化土地总面积的 1.1%；怒江流域潜在石漠化土地面积为 0.14 万 km²，占潜在石漠化土地总面积的 1.0%。

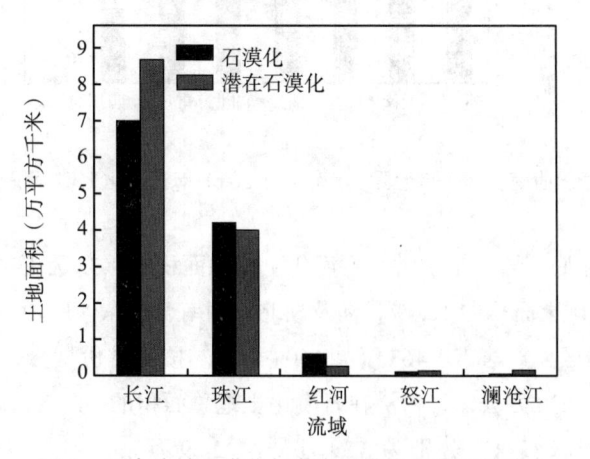

图 3　五大流域石漠化与潜在石漠化土地面积对比

按照等级划分，西南八省（自治区、直辖市）不同等级的石漠化土地面积分布情况如图4所示。其中，轻度石漠化土地面积为431.5万公顷，占石漠化土地总面积的36.0%；中度石漠化土地面积为518.9万公顷，占石漠化土地总面积的43.1%；重度石漠化土地面积为217.7万公顷，占石漠化土地总面积的18.2%；极重度石漠化土地面积为32.0万公顷，占石漠化土地总面积的2.7%。

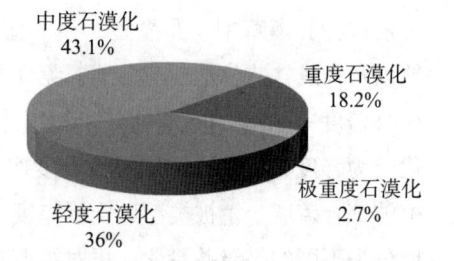

图4　西南八省（自治区、直辖市）不同等级的石漠化土地面积分布比例

二、理论研究进展

石漠化的概念是在20世纪90年代提出的，但我国从20世纪40年代即已开始对喀斯特的研究，国外特别是欧洲更早一些。20世纪60年代，我国开始了一些石漠化防治的试验工作；70年代末，国家科委立项组织多部门进行全国性岩溶攻关，选取典型区域作试点为石漠化山地改造取得了丰富经验。近三十年来，国内外对喀斯特问题十分重视，在喀斯特的地质成因、地貌特征、水文特征、发育过程、洞穴理论、物理勘探、工程地质等方面开展了大量研究。90年代后，石漠化所带来的严重社会和生态问题，促使国内开始重视石漠化研究，逐步开展了喀斯特石漠化现状成因、过程、危害和机制研究。21世纪以来，关于石漠化成因、危害、治理等方面的研究成果大量涌现，也使得人们对石漠化灾害有了更清晰的认识，更加重视石漠化的治理、区域生态的修复和对自然环境的保护。

（一）石漠化的分类

目前，国家层面的石漠化类型划分主要依照以下规定：将岩溶地区土地类型分为未石漠化土地和石漠化土地两大类，前者又分为非石漠化土地和潜在石漠化土地两类；后者分为轻度、中度、重度和极重度石漠化土地。

（1）符合下列条件之一的为非石漠化土地：①基岩裸露度（或石砾含量）< 30%的有林地、灌木林地、疏林地、未成林造林地、无立木林地、宜林地；②苗圃地、林业辅助生产用地；③基岩裸露度（或石砾含量）< 30%的旱地；④水田；⑤基岩裸露度（或石砾含量）< 30%的未利用地；⑥建设用地；⑦水域。

（2）潜在石漠化土地为基岩裸露度（或石砾含量）≥ 30%，且符合下列条件之一：①植被为乔灌草型、乔灌型、乔木型和灌木型，植被综合盖度≥ 50%的有林地、灌木林地；②植被为草丛型，植被综合盖度≥ 70%的牧草地、未利用地；③梯土化旱地。

（3）基岩裸露度（或石砾含量）≥ 30%，且符合下列条件之一的为石漠化土地：

①植被为乔灌草型、乔灌型、乔木型和灌木型，植被综合盖度＜50%的有林地、灌木林地以及未成林造林地、疏林地、无立木林地、宜林地、未利用地；②植被为草丛型，植被综合盖度＜70%的牧草地、未利用地；③非梯土化旱地。依据评定因子及指标，将石漠化分为轻度、中度、重度和极重度四个等级。评定石漠化程度的因子包括基岩裸露程度、植被综合盖度、植被类型和土层厚度。评定石漠化程度的方法——先将以上四项因子科学地分为不同的等级并量化，再对被调查地（小班）以上四项因子逐一确定等级—记录量化值，求出该调查小班的四项量化值的和，最后与规程划定的石漠化程度区分段进行比较，确定该小班的石漠化等级。各评定因子及指标评分见表1至表5。

表 1　基岩裸露度评分标准

基岩裸露度	程度	30%～39%	40%～49%	50%～59%	60%～69%	≥70%
	评分	20	26	32	38	44

表 2　植被类型评分标准

植被类型	类型	乔木型	灌木型	草丛型	旱地作物型	无植被型
	评分	5	8	12	16	20

表 3　植被综合盖度评分标准

植被综合盖度	程度	50%～69%	30%～49%	20%～29%	10%～19%	<10%
	评分	5	8	14	20	26

注：旱地农作物植被综合盖度按30%～49%计。

表 4　土层厚度评分标准

土层厚度	程度	Ⅰ级（＜10cm）	Ⅱ级（10～19cm）	Ⅲ级（20～39cm）	Ⅳ级（＞40cm）
	评分	1	3	6	10

表 5　石漠化程度评分标准

综合评分	程度	轻度	中度	重度	极重度
	评分	≤45	46～60	61～75	＞75

（二）石漠化的成因

石漠化的形成是自然与经济社会相关联，以强烈的人为活动为主导，人为因素与自然、环境、生态和地质背景共同作用的结果。石漠化灾害不仅具有自然属性，而且具有社会学属性。其自然属性包括具有特定的地质背景、地质作用过程、生物学过程、景观特征、空间范围和时间尺度，可以归纳为不同退化程度、不同发生时间、不同级别的地—空能量效应和不同时空表现形式；其社会学属性包括人地对话、贫困相关性、有限度的可控性。石漠化灾害形成的自然因素主要有基岩可溶性、岩溶过程、地形与地貌、气候条件、植被生长环境和土壤特征等；人为因素包括不合理的土地利用、乱砍滥伐、过度放牧以及工程工矿建设等。

1. 自然因素

（1）可溶性的基岩特征。碳酸盐岩是石漠化形成的物质基础。我国西南地区岩溶广泛分布，面积超过 50 万 km^2。碳酸盐岩坚硬质密、抗风化抗冲刷能力强，但可溶性组分含量高，尤其是纯灰岩地区的可溶性物质极易淋溶流失，不溶性的残留物仅为 4% 左右，在非常缓慢的成土过程中形成残积土并风化为土壤，但形成的土壤层次发育不全，加之岩层渗漏强、蓄水保水能力差，是石漠化形成的内在基础。喀斯特地区石漠化与岩性存在明显的相关性，石漠化分布区域的岩性主要以石灰岩为主，且石灰岩地区石漠化程度比白云岩地区高。

（2）强烈的岩溶过程。王瑞江等（2001）发现岩溶区的水体暂时硬度较大，Ca^{2+} 含量较高，方解石浓度处于过饱和状态，岩溶区强烈的岩溶化过程有利于地下岩溶裂隙和管道发育，形成地表、地下双层结构，不利于表层水土的保持，易加速石漠化形成。

（3）陡峻的地形与地貌。西南喀斯特地区陡峻而破碎的地貌为石漠化形成提供了侵蚀势能，总体呈西北高、东南低、高山低地、崎岖不平、切割深的地形轮廓利于降水的流失且加大了降水对土壤的侵蚀。王世杰等（2003）认为地质构造运动塑造了陡峻而破碎的喀斯特地貌景观，地表切割度与地形坡度较大为水土流失提供了潜能。

（4）湿润多雨的气候条件。西南地区年降水量在 800 ~ 1800mm，绝大部分地区在1000 ~ 1400mm，且降水时空分布不均，降水多集中在 5 ~ 9 月。丰沛而集中的降水为石漠化形成提供了强大的侵蚀动能，尤其酸雨为碳酸盐岩溶蚀提供了丰富的溶解介质，并抑制了岩溶地区林草植被的生长，破坏了岩溶地表植被，加速了岩溶地表的土壤侵蚀。此外，近年来高频率发生的暴雨泥石流、崩塌以及持续干旱的气候条件也加速了土地石漠化的进程。年均降雨量、年均气温、暴雨日数和日最大降水量等因子与土地石漠化之间显著的关联性，反映了区域气候变化对土地石漠化发展演变的重要影响。

（5）脆弱的植被生长环境。岩溶峰丛区海拔较高，平均气温较低，且空气中的水汽含量较大，云雾较厚，日照、热量条件不利于植被的生长；岩溶地区的地表土壤和地下水的"二元结构"也不利于植被生长，并会造成植被更新和恢复过程缓慢、生态效率低。

（6）易于流失的土壤。西南岩溶地区的成土母质主要为纯灰岩，少部分为泥质灰岩、硅质灰岩等，由碳酸盐岩风化物形成土壤的速率极慢，且成土之后土被不连续、缺少母质层、土层较薄、土壤松散、石多土少、岩土间附着力低等特点决定了其易于冲刷和流失，同时制约了植被的生长和生态系统的完善。

2. 人为因素

落后的农业耕作方式、放牧、乱砍滥发、火烧、不合理工矿工程建设等人为活动致使地表覆盖度降低、土壤侵蚀严重，最终导致了石漠化的发生。监测结果显示，人为因素诱发的土地石漠化面积高达 9.6 万 km^2，占石漠化土地总面积的 74.3%；由不合理的耕作方式、过度开垦、乱砍滥伐造成的石漠化土地面积达到 4.8 万 km^2，占到人为因素诱发石漠化土地总面积的 49.70%。

（1）人口快速增长及其连锁反应。自明清以来，我国西南岩溶地区人口快速增长，尤其是清雍正时期的人口迁移政策使得贵州等地区的人口暴增。到 21 世纪初期，南方岩溶区八省（自治区、直辖市）的人口达 4.4 亿，占全国总人口的 33.8%，人口密度达 226人 /km^2，高出全国平均水平 58.6%。岩溶区单位面积上可耕地仅占 20% ~ 30%，难利用的石质山地却达 50% 以上，土地生产潜力不高或很低，能供养的人口比较少，多数地区的人口密度已大大超出理论人口容量，多数土地超出其承载能力 1 ~ 2 倍以上。碳酸盐岩分布与人口分布存在某种制约关系，岩溶石山地区人口承载力偏低，岩溶县的人均国民生产总值、农民人均纯收入也不及非岩溶县。

（2）不合理的土地利用。西南岩溶地区目前仍然存在广泛的不合理、不科学的耕作方式，如"刀耕火种"、陡坡耕作、广种薄收，造成耕作区地表土壤极易流失，同时导致生产力逐年下降直至土地丧失耕作价值，最终形成石漠化。

（3）乱砍滥伐与过度放牧。岩溶地区经济发展普遍落后，农村生活生产所依靠的能源结构单一，往往是靠山挖山、靠树砍树，同时缺乏幼苗补栽补种等科学观念，导致山区乔木、灌木乃至草本藤本都被大量砍伐和挖掘。根据监测结果，西南地区因过度樵采造成的石漠化土地面积达到 3 万 km^2，占人为因素诱发石漠化土地总面积的 31.4%。山区农牧民习惯散养山羊、黄牛、猪等牲畜，牲畜啃食植物时常破坏根系、毁坏林草植被，使土壤层缺乏保护而被侵蚀。

（4）其他工矿工程建设。一些工矿工程建设中缺乏科学规划，加之技术落后、监督管理和保护不到位、随意开采挖掘、乱堆乱放废弃碎石等，导致植被遭到破坏、水土流失严重、基岩裸露，最终导致石漠化的发生。贵州等地存在百年历史以上的矿床开采、金属冶炼等均造成了植被破坏、土地生产力退化、基岩大面积裸露，从而导致石漠化，亦被称为"矿山石漠化"。

石漠化发展的过程一般具体表现为：人为因素→林退、草毁→陡坡开荒→土壤侵蚀→耕地减少→石山、半石山裸露→土壤侵蚀→完全石漠化的发展模式。此外，造成我国南方石漠化的深层次原因主要包括人口增长过快、人地矛盾突出，经济发展相对滞后、贫困面大，国家政策的负面影响，以及国民淡薄的生态环保意识。

（三）石漠化的危害

喀斯特地区的石漠化加速了生态环境的恶化，吞噬了人类的生存空间，导致自然灾害频发，加剧了喀斯特地区的贫困，严重影响了区域经济的发展，并危及我国南方长江、珠江流域等人口密集区域的生态安全。

1. 生态系统遭受破坏

石漠化的最初表现为土层变薄、土壤养分含量降低、耕作层粗化、农作物产量降低，继而导致以森林植被为主体的岩溶生态系统的功能逐渐削弱和退化。石漠化区域的植被群落结构从高大乔木向乔灌林、灌丛、草地和裸地退化，群落密度下降，生物量急剧减少。土地石漠化导致了岩溶生态系统减弱或退化，失去了森林水文效应，丧失了调蓄地表水和地下水的能力，可有效利用的水资源逐渐枯竭，缺水问题日益严重。土地石漠化同时加剧了岩溶生态系统的退化，环境容量降低，岩溶生态系统内植物种群数量下降，植被结构简单化，生物种群多样性受到严重破坏。当环境逐渐恶化，温度变幅加剧，土壤总量快速减少，水分和养分迅速流失，土地生产力急剧下降，石漠化末期阶段的群落生物量仅为未退化阶段的 1/200。

2. 水土流失和耕地丧失

喀斯特石漠化形成过程中，水土流失严重，地表土壤逐步从变薄、养分含量降低、生产力下降到丧失耕作价值、生态功能退化，形成"生态恶化—口粮不足—毁林开荒—生态恶化"的恶性循环。据测算，贵州省石漠化地区每年大约流失表土 1.95 亿吨，致使大面积耕地因土壤流失而废弃。1974—1979 年，贵州省石漠化土地面积增加了 624km^2，平均每年丧失耕地面积 125km^2，约占全省耕地面积的 1.6%。

3. 水利工程设施受到威胁

由于土地石漠化，长江、珠江等流域面上的土壤受到集中降雨的冲刷侵蚀，泥沙随地表径流入河导致河道淤积，直接影响到流域内的水利、水电设施运行，不仅造成重大经济损失，而且对下游地区的生态安全构成威胁。据调查数据，乌江流域表土流失每年产生 600 多万吨泥沙输入至三峡库区。

4. 区域社会发展受限

石漠化区域是我国少数民族主要聚居区，也是经济欠发达区域和边疆区域，其中国家级贫困县的石漠化土地面积占岩溶地区石漠化土地总面积的 59.3%，石漠化加剧了这些地区的贫困。近十年来，石漠化地区的经济发展水平与全国经济发展水平之间的差距在拉大，人均纯收入、人均国民生产总值只有全国平均水平的 60% 和 40%。各种自然灾害呈现周期缩短、频率加快的趋势，也因此造成了人民群众经济损失加重、生活水平和质量下降、生命和财产安全不断受到威胁的严重问题。

三、技术研究进展

岩溶地区石漠化综合治理受到国家的高度重视，已被列为国家重要的工作目标并实施了一系列的生态治理工程，如退耕还林、天然林资源保护、生态公益林保护、农业综合开发、小流域综合治理等。石漠化防治总体工作取得了很大成就，积累了大量石漠化治理的成功经验，形成了一批相对成熟的石漠化综合治理模式和技术体系，涌现出了一批石漠化治理典型。

（一）石漠化治理技术

石漠化防治技术主要包括生物治理技术、工程治理技术和生物与工程相结合的治理技术等（表6）。

表6　石漠化治理技术分类

技术类型	技术措施	适用石漠化类型	适用地类	主要建设内容或要求
生物治理技术	植被管护	非石漠化、潜在石漠化土地	有林地、灌木林地、牧草地以及符合天保管护或中央森林生态效益补偿基金的林地	设立管护标牌、落实管护人员，制定管护制度
	封山育林育草	潜在石漠化、石漠化土地	疏林地、宜林地、无林地、有林地、灌木林地、牧草地、未利用地	设立管护标牌、落实管护人员，制定管护制度与封育措施，补植树种以乡土阔叶树种为主
	人工造林	轻度、中度石漠化土地为主	宜林地、无立木林地、未利用地、疏林地等	以生态林建设为主，适度发展生态经济林与薪炭林，加速岩溶植被恢复；树种以乡土、喜钙、耐旱树种为主，严禁全面整地，加强水肥管理和管护
	人工种草与草地改良低效林改造	轻度、中度石漠化土地为主	牧草地、适宜林下种草的林地等	选择优质牧草，强化林下种草，加强水肥管理，严禁放养，根据牧草数量合理确定养殖品种与规模
			灌木林地、有林地	遵循自然规律，通过合理的疏伐、抚育、补植、改造与管护等措施提高林分质量定向培育成用材林、防护林或经济林
	生态农业技术	潜在石漠化、石漠化土地	耕地	选择保持水土培肥地力等现代耕种技术，实现石漠化土地的永续经营

技术类型	技术措施	适用石漠化类型	适用地类	主要建设内容或要求
工程治理技术	坡改梯植树植草	石漠化土地	旱地、宜林地、无立木林地	对石漠化土地进行简单坡改梯，配套蓄水池等小型水保工程，发展高效经济林（药材经果林等）
	退耕还林还草	石漠化土地	旱地	严格执行耕退还林条例，按计划有序实施
	工矿石漠化治理技术	石漠化土地	工矿废弃地	针对工矿石漠化地的边坡开采、平地、峭壁和弃土区分别治理，防止次生灾害或新的石漠化土地发生
	坡耕地——坡改梯	石漠化土地	坡耕地（轻度、中度石漠化）	按国家坡改梯的相关规定执行，梯地宽度与坎高要依据石漠化程度、坡度等灵活确定，坎高比土面高5cm以上，土层深度不低于30cm，修筑排水沟、生产作业道等配套设施
	弃石取土造田（土）沃土工程	石漠化土地	旱地（石旮旯地或轻度石漠化）	炸除坡度平缓地段的裸露石头，客土改良，增肥高标准的旱地或农田
		石漠化土地、潜在石漠化土地	旱地	实施客土改良，增加有机肥料，改变农业耕作方式等，实现增肥地力的目的
	小型水利水保设施建设	减轻土地压力，改善岩溶地区农民生产生活条件		引水渠、防涝渠、蓄水池、拦沙谷坊坝、沉沙池等
	人畜饮水工程			水窖、地下水（泉水）开发等
其他治理技术	农村清洁能源建设，草食、畜业发展	减轻土地压力，改善岩溶地区农民生产生活条件		畜牧业品种改良、棚圈建设、草食机械等；沼气池建设、节能灶、小水电、太阳能等
	人口控制与生态移民			计划生育、劳务输出和生态移民等
	扶贫开发			技术、资金、政策等引导与扶持
	生态产业发展			生态旅游、林药、林果、生物质能源、畜牧业等
	生态保护技术			自然保护区、自然保护小区等生物多样性保护建设，有害生物防治、森林防火等
	生态意识培育			宣传、文化教育、技能培训等

1. 生物治理技术

生物治理技术主要针对石漠化区的植被恢复，并不断发展形成技术体系。由于喀斯特生境的特殊性，喀斯特植被恢复存在诸多难点和技术瓶颈。生物治理主要包括封山护林、封山育林（草）、人工造林（种草）、低效林改造及生态农业建设。

（1）封山护林（植被管护）关键技术：封山护林是一种投资最少、见效快且预防土地石漠化最直接、最有效的方法之一。在西南岩溶地区石漠化治理中，可结合我国天然林保护、重点生态公益林建设等生态工程实施。技术要点是需设立管护机构，安排管护人员，落实管护经费，制定管护措施，设立管护标牌，采用全封、半封和轮封方式。

（2）封山育林（草）关键技术：封山育林（草）是一种遵循自然规律，以封禁为基本手段，充分利用自然恢复能力，模拟利用自然规律的技术措施。该项技术以自然恢复为主，辅之以人工措施，具体是指有计划、有步骤地采用各种强制性封禁手段，尽可能减少人类活动，利用森林植被的自身发展规律适当采取人工促进恢复措施，逐步恢复自然植被，达到扩大林草资源、提高森林（草地）质量的经营目的，具有投资少、效果好、易掌握、可操作性强等特点。

封山育林一般选择具有一定数量的母树或幼树、具有萌芽更新能力的植株、伐桩等无性繁殖体或邻近有母树的地段，或可提高林草植被覆盖度的地段以及郁闭度＜0.50低质、低效林地、有望培育成乔木林的灌木林地及植被盖度一般的牧草地。通过采取不同的封育措施，结合封育区预期能形成的森林植被类型，按照培养目的和树种比例以及人为干扰方式、立地条件、群落特点、演替阶段、自然恢复潜力等方面差异，可划分为乔木型、乔灌型、灌木型、灌草型、竹林型5个类型。根据封育地段的植被状况、生态区位及当地的生产生活实际需要，可因地制宜地选择全封、半封和轮封方式。全封指封山期整个封山地段禁止一切不利于林木生长的人为活动；半封指在林木生长季节实行全面封禁，其余时间在严格保护幼苗幼树的前提下，可有计划地砍柴、割草和放牧；轮封是指分片轮流封禁。石漠化土地封育年限最低为5年，一般为8～10年。对封育地区缺苗少树的局部地段通过局部整地、砍灌、除草等措施改善种子萌发条件；或补植补播目的树种，逐步实施定向培育；间苗、定株、除去过多萌发条，促进幼树生长，既有利于群落演替发展，又有利于提高经济效益树种数量，促进成林更新速率。树种主要选择"石生、喜钙、耐旱"的乡土树种，土壤条件较好的局部采用人工植苗方式，补植以乔木树种为主；补播以灌木树种为主。通过一段时间的封育后，封育区林木的郁闭度达到一定程度（0.8以上）后，可通过去劣留优、砍弯留直、砍萌生留实生、间密留稀、变单纯林为混交林、变单层林为复层林，同时辅以人工整枝、抚育等措施，提高林分的经济和生态效益，维持地力和提高森林涵养水源、保持水土的功能。

（3）人工造林（种草）适生性物种优化配置与仿自然群落构建技术：西南喀斯特地区生物多样性极为丰富且极具特色，不同物种的生态适应性也千差万别。在群落恢复演替过程中，随着群落内部环境的变化，物种组成也会发生相应的变化和替代。另外，不同植物群落还具有不同的生态或生产功能。人工干预的石漠化治理与植被恢复，首先要根据基岩性质、气候特征、地貌部位、植被退化状况等生态条件的特点和群落恢复演替的自然规律，并针对植被恢复的目标，选择适生的物种进行优化配置，提高成效。同时，为了使退化的植被得到快速恢复并兼顾当地群众利益，还要尽可能地构建对当地生态条件最为适应的仿自然群落和经济林。

喀斯特石漠化区退化植物群落自然恢复遵循草本→灌木→乔林→顶极群落的自然恢复过程，经历草本群落、草灌过渡群落、灌丛灌木群落、灌乔过渡群落、乔林群落和顶极群落六个阶段。喀斯特植物群落以多优势种形成优势种组，早期依赖于土面、石缝、石槽、石沟小生境，后期逐步脱离小生境对其分布的限制，以水分及营养资源为主导因素。植物种类可归并形成先锋种、次先锋种、过渡种、次顶极种、顶极种5个种组，各恢复阶段群落五个种组并存，但其优势种组不同，群落总体替代规律表现为先锋种→次先锋种→过渡种→次顶极种→顶极种，植物生活型演化为一年生植物→隐芽植物→地面芽植物→地上芽植物→高位芽植物替代规律，这些特征为植物群落配置中的不同阶段组成结构配置、群落建植规模、生境利用途径的确定奠定了基础。各种组植物种的生理生态特征是群落组成配置的关键，根据喀斯特地区植物种类的耐旱性、光强适应性以及养分利用特征，确定先锋种为高输入、低输出、高效率类型；次先锋种为中输入、中输出、较高效率类型；过渡种为较低输入、中输出、较低效率类型；次顶极种为中输入、中输出、中效率类型；尽管顶极种与次顶极种属同一类型，但比次顶极种具有更高的吸水潜能、耗水能力和利用效率。这些生理生态特征为植物群落配置的不同阶段的植物种组成配置与筛选提供了依据。

以群落演替种组的生理生态特征为基础，结合石漠化强度、退化时间、立地条件、植物群落的结构及恢复潜力、土地利用方式等生态条件，提出了不同石漠化类型下的植物群落优化配置模式（表7）以及植物群落组成部分（表8）、部分可供选择的造林树种（表9）。同时，充分考虑不同喀斯特地貌背景下植被恢复中的功能分区，如在喀斯特岩溶高原植被恢复中，首先按照自然条件和土地组合的规律进行不同功能区划分；再根据植物群落自然演替规律、演替种组的生态适应性以及当地的经济特点与发展需要，在不同海拔高度上进行立体配置——山体上部石质坡地生态林、山体中下部土石质坡耕地经果林和山脚石土质坡地高效农业，并分别进行针对性治理，使各功能区之间既有明确的分工，又相互存在一定的联系，提高综合效益。

表7　不同石漠化类型下的植物群落结构配置（据李安定，2010）

石漠化等级	立地类型可供植被恢复潜力等级	早期阶段层次结构模式	种组比例	植物生活型组成	物种生态适应性
强	弱	灌（草）	先锋种:次先锋种9:1	落叶、常绿的矮高位芽60%，其他40%，如一年生植物、多年生熟根植物	强喜光，高光饱和点（＞1400μMolM^{-2}s^{-1}）、高光补偿点（＞14μMolM^{-2}s^{-1}）；强耐旱，吸水潜能高、耗水能力低、水分利用效率高；植物叶片小、厚

续表

石漠化等级	立地类型可供植被恢复潜力等级	早期阶段层次结构模式	种组比例	植物生活型组成	物种生态适应性
强	中等	灌+草	先锋种:次先锋种8:2	落叶、常绿的小高位芽20%，矮高位芽60%，其他20%，如一年生植物、多年生熟根植物	强喜光，高光饱和点（>1400μMolM^{-2}s^{-1}）、高光补偿点（>14μMolM^{-2}s^{-1}）；强耐旱，吸水潜能高、蒸腾耗水能力低、水分利用效率高；植物叶片片小、厚
强	强	乔+灌+草	先锋种:次先锋种6:4	落叶、常绿的小高位芽40%，矮高位芽50%，其他10%，如一年生植物、多年生熟根植物	强或中等喜光，高光饱和点（>1400μMolM^{-2}s^{-1}）、高光补偿点（>14MolM^{-2}s^{-1}）；强或中等耐旱，吸水潜能高、耗水能力低或中等、水分利用效率高
中	中等				
中	弱	乔+灌+草	先锋种:次先锋种:过渡种6:3:1	落叶、常绿的小高位芽30%，矮高位芽50%，其他20%，如一年生植物、多年生熟根植物	强喜光，高光饱和点（>1400μMolM^{-2}s^{-1}）、高光补偿点（>14μMolM^{-2}s^{-1}）；强耐旱，吸水潜能低、耗水能力低、水分利用效率高
轻	弱				
中	强	乔+灌+草	先锋种:次先锋种:次顶极或顶极种4:4:2	落叶、常绿的中高位芽10%，小高位芽40%，矮高位芽40%，其他10%，如一年生植物、多年生熟根植物	强或中等喜光，高或中等光饱和点（>1000μMolM^{-2}s^{-1}）、高或中等光补偿点（>7μMolM^{-2}s^{-1}）；强或中等耐旱，吸水潜能高或中等、耗水能力低或中等、水分利用效率高或中等
轻	中等/强	乔+灌+草	先锋种:次先锋种:次顶极:顶极种:过渡种2:1:3:3:1	落叶、常绿的大、中高位芽40%，小高位芽40%，矮高位芽10%，其他10%，如一年生植物、多年生熟根植物	喜光，高、中、低光饱和点（>500μMolM^{-2}s^{-1}）、高、中、低光补偿点（>3μMolM^{-2}s^{-1}）；耐旱，吸水潜能高或中等、耗水能力低或中等、水分利用效率高或中等

表8　喀斯特石漠化区植物群落各种组组成表（据李安定，2010）

种组	植物种类
先锋种	车桑子 *Dodonaea viscosa*、悬钩子 *Rubus corchorifolius*、构树 *Broussonetia papyrifera*、粉枝莓 *Rubus biflorus* Buch.、火棘 *Pyracantha fortuneana*、马桑 *Coriarianepalensis*、菝葜 *Smilaxchina* L、葛藤 *Pueraria lobata*、多花芫子梢 *Campylotropis polyantha*、芫子梢 *Campylotropis*、异叶芫子梢 *Campylotropis diversifolia*、盐肤木 *Rhus chinensis* Mill、小果蔷薇 *Rosa cymosa* Tratt.、多花蔷薇 *Rosa multiflora* Thunb.、刀果羊蹄甲 *Bauhinia brachycarpa* Wall.var.cavaleriei、金丝桃 *Hypericum chinense*、小构 *Broussonetia kazinoki* Sieb.、中华绣线菊 *Spiraea chinensis* Maxim.、竹叶椒 *Zanthoxylum planispinum*、堆花小檗 *Berberis aggregata* Schneid.、油桐 *Vernicia fordii*、八角枫 *Alangium chinense*、密蒙花 *Buddleja officinalis*、红叶木姜子 *Litsea rubescens*、木姜子 *Litseaeuosma*W.W.Smith、铁仔 *Myrsine africana*、烟管荚蒾 *Viburnum utile*、单瓣巢丝花 *Rosa roxbunghii*、野桐 *Acta phytotax*.Sin.、刺葡萄 *Vitis davidii* Foex、山葡萄 *Vitis amurensis*、刺槐 *Robinia pseudoacacia* L、小舌菊 *Microglossa pyrifolia*、楤木 *Araliachinensis* L、多脉猫乳 *Rhamnella martinii*、

种组	植物种类
先锋种	青篱柴 *Tirpitzia Hallier*、异叶鼠李 *Rhamnus heterophylla* Oliv.、小叶平枝枸子 *Cotoneaster horizontalis* Dcne、长叶冻绿 *Rhamnus crenata*、茅莓 *Rubus parvifolius*、珍珠荚蒾 *Viburnum foetidum* Wall.var.ceanothoides、白叶莓 *Rubus innominatus*、木莓 *Rubus idaeus*、多花绣线菊 *Spiraea trichocarpa* Nakai、五叶崖爬藤 *Tetrastigma*（Miq.）Planch.、滇梨 *Pyrus*、川榛 *Corylus heterophylla* Fisch.、柚子 *Citrus maxima*、黄花香茶菜 *Labiatae*、乌蔹 *Rubus multibracteatus*、迎春花 *Jasminum nudiflorum*、樱花 *Prunus serrulata*、胡颓子 *Elaeagnus pungens*、金花小檗 *berberiswisoniae*、野丁香 *Leptodermis*、野樱桃 *Cerasus szechuanica*、假烟叶树 *Solanum verbascifolium* Linn.、鸡桑 *Morus australis*、蒙桑 *Morus mongolica* Schneid、毛桐 *Mallotus barbatus*、桃 *Amygdalus persica* Linn、小叶杨 *Populussimonii* Carr.、响叶杨 *Populus adenopoda*、山杨梅 *Myrica rubra*（Lour.）Zucc.、山桐子 *Idesia polycarpa* Maxim.、叶下珠 *Phyllanthus urinaria* Linn、短序荚蒾 *Viburnum brachybotryum* Hemsl.、柳杉 *Cryptomeria fortunei*、四川铁仔 *Myrsine*、尾叶远志 *Polygala caudata* Rehd.et Wils、夹竹桃 *Nerium oleander*、白背叶 *Mallotusapelta*（Lour.）Muell.–Arg.、苦楝 *Melia azedarach* Linn.、紫花络石 *Trachelospermum axillare*、络石 *Trachelospermum jasminoides*、京梨猕猴桃 *Actinidia chinensis*、山樱花 *Cerasus serrulata*（Lindl.）G.Don ex London、巴东荚蒾 *Viburnum henryi* Hemsl.、山樱桃 *Prunus conradinae* Koehne、竹 *Bambusoideae*、粉叶枸子 *Cotoneaster glaucophyllus* Franch.、枣 *Ziziphus zizyphus*、狭叶链珠藤 *Alyxia schlechteri* Lévl.、柱果铁线莲 *Clematis uncinata* Champ.、扁核木 *Prinsepia uniflora*、双齿山茉莉 *Styrax biaristatus* W.W.Smith、粗齿铁线莲 *Clematis argentilucida*、绿背山麻杆 *Alchornea*、小叶扁担杆 *Grewia biloba* G.Don、地构叶 *Speranskia tuberculata*（Bunge）Baill.、香椿 *Toona sinensis*.A.Juss.、紫麻 *Oreocnide frutescens*、枝花李榄 *Linociera* Sw.ex Schreber、薯蓣 *Dioscorea opposita*、双蝴蝶 *Tripterospermumchinense*、石斑木 *Rhapniolepisindica*.、山香圆 *Turpiniaarguta*（Lindl.）Seem.、箬竹 *Indocalamus tessellatus*、清香藤 *Jasminum lanceolarium* Roxb.、念珠藤 *A.sinensis* Champ、蔓构 *Broussonetia kaempferi var.australis*
次先锋	红毛悬钩子 *Rubus pubifolius*、悬钩子蔷薇 *Rubus*、宜昌悬钩子 *Rubus ichangensis* Hemsl.et Ktze.、山合欢 *Albizia kalkora*（Roxb.）Prain、石岩枫 *Mallotus repandus*、山麻杆 *Alchornea davidii* Franch.、四川香花菜 *Mentha spicata*、西锥香花菜 *Mentha spicata*、刺异叶花椒 *Zanthoxylum dimorphophyllum var.spinifolium*、异叶花椒 *Zanthoxylum ovalifolium* Wight、六月雪 *Isabel de Ortiz*、三棵针 *RadixTrichosanthis*、广西密花树 *Rapanea kwangsiensis*.、尖叶密花树 *Rapanea faberi*、黄褐毛忍冬 *Lonicera fulvotnetosa*、贵州忍冬 *Lonicera pampaninii*、金银花 *Lonicera Japanica* Thunb、高粱泡 *Rubus lambertianus* Ser.、金樱子 *FructusRosaeLaevigatae*、大叶云实 *Caesalpinia magnofoliolata* Metc.、云实 *Caesalpinia decapetala*（Roth）Alston、大叶蛇葡萄 *Vitis piasezkii* Maxim.、毛叶蛇葡萄 *Ampelopsis mollifolia*、地桃花 *Urena lobata* L、薄叶鼠李 *Rhamnus leptophylla*、五叶爬山虎 *Sabina komarovii*（Florin）Cheng et W.T、三叶爬山虎 *Parthenocissus semicordata*（Wall. ex Roxb.）Planch.、爬山虎 *ParthenocissusTricuspida-ta*、亮叶鼠李 *Rhamnushrmsleyana*、尼泊尔鼠李 *Rhamnus napalensis*（Wall.）Laws、刺鼠李 *Herba Asari*、平枝枸子 *Cotoneaster horizontalis* Dcne、崖豆藤 *M.lasiopetala*（Hayata）Merr.Hairypeta、香花崖豆藤 *M.dielsiana* Harms ex Diels Millettia、崖花子 *Pittosporum truncatum*、珍珠榕 *Ficus elastica*、斜叶榕 *Litchi chinensis* Sonn、山木通 *Clematis finetiana* Levl.et Vaniot、木通 *Akebia Stem*、三叶木通 *Akebia trifoliata*、小木通 *Clematis lasiandra* Maxim.、龙须藤 *Bauhinia championi*、光叶枸子 *Cotoneaster glabratus*、毛野丁香 *Leptodermis pilosa*、乌梅 *DarkPlumFruit*、西南槐 *Sophora prazeri* Prain var.mairei（Pamp.）Tsoong、猫乳 *Rhamnella franguloides*、花椒 *Zanthoxylum bungeanum*、水杨柳 *Homonoia riparia* Lour、中华柳 *Salix cathayana*、豆腐柴 *Premna microphylla* Turcz、丁香 *Syzygium aromaticum*、

种组	植物种类
次先锋	茅栗 *Castanea seguinii* Dode、山楂 *Crataegus pinnatifida*、羊耳菊 *Inula cappa*、海南树参 *Dendropanax hainanensis*、刺楸 *Kalopanax septemlobus*、野杨梅 *Duchesnea indica*（Andr.）Focke、马尾松 *Pinus massoniana*、野茉莉 *Styrax japonicus*、黄脉莓 *Rubus xanthoneurus* Focke、铁榄 *Sinosideroxylon wightianum*、青江藤 *Celastrus hindsii* Benth.、构棘 *Maclura* cochinchinensis（Lour）Corner、细圆藤 *Pericampylus glaucus*（Lam.）Merr.、日本杜英 *Elaeocarpus japonicus* Sieb.et Zucc、小叶菝葜 *Smilax microphylla*、黑果菝葜 *Smilax glauco-china* Warb.、西南菝葜 *Smilax bockii* Warb.、肖菝葜 *Heterosmilax gaudichaudiana*、顶坛花椒 *Zanthoxylum planispinum* var.*dintanensis*
过渡种	枫香 *Liquidambar formosana*、红紫珠 *Folium et Ramulus Callicarpae Rubellae*、紫珠 *Setcreasea purpurea* Boom、大叶紫珠 *Callicarpa macrophylla* Vahl、十大功劳 *Mahonia*、阔叶十大功劳 *Mahonia fortunei*（Lindl.）Fedde、狭叶十大功劳 *Mahonia fortunei*、南天竹 *Pyracantha fortuneana*、吴茱萸 Evodiarutaecarp（Juss.）benth、梧桐 *Firmiana simplex*、黄荆 *Vitex agnus-castus* Linn.、小叶女贞 *Ligustrum quihoui*、云南旌节花 *S.yunnanensis* Franch. Yunnan、中国旌节花 *Stachyurus chinensis* Franch、三角枫 *Acer buergerianum* Miq、灰毛浆果楝 *Cipadessa cinerascens*、光枝勾儿茶 *Berchemia polyphylla* Var *leioclada*、勾儿茶 *Berchemia* Neck.*Supplejack*、忍冬 *Viburnum awabuki*、来江藤 *Brandisia Hook*、刺五加 *Acanthopanax senticosus*、齿叶铁仔 *Clematis florida* Thunb、云锦杜鹃 *Rhododendron calophytum* Franch. Var. *Jingfuense*、小蜡 *Ligustrum sinense* Lour、滇鼠刺 *Itea yunnanensis* Franch.、云南鼠刺 *Itea yunnanensis* Franch、栀子皮 *Pericarpium Gardeniae*、棕榈 *Trachycarpus fortunei* Wendl、枸子 *CotoneastermultiflorusBge.*、山茶 *Camellia hiemalis* Nakai、算盘子 *Glochidion puberum*、醉鱼草 *Buddleja davidii*、大叶醉鱼草 *B.davidii Franch*、细齿叶柃木 *Eurya nitida* Korthals、柃木 *Eurya japonica*、香茶菜 *Rabdosia amethystoides*、飞龙掌血 *RadixToddaliaeAsiaticae*、小叶石楠 *Photinia parvifolia*、老虎刺 *Herba Polygoni* Perfoliati、清香木 *Sabina chinensis*、红素馨 *J.beesianum*、亮叶素馨 *Jasminum seguinii* Levl、川莓 *Rubus setchuenensis*、厚果崖豆藤 *Millettia pachycarpa* Benth、糙叶榕 *Ficus irisana* Elmer.、苟骨 *llex cornuta* Lindl、矮杨梅 *Myrica nana* Cheval.、老鸦糊 *Callicarpa giraldii*、麻叶枸子 *Cotoneaster rhytidophyllus*、南蛇藤 *Celastrus orbiculatus* Thunb、尖瓣瑞香 *Daphne longilobata*、瑞香 *FischerEuphorbia Root*、常春油麻藤 *Mucuna semperirens*、常青藤 *CaulisHederaeSinensis*、峨嵋蔷薇 *Rosa omeiensis*、蜡梅 *Chimonanthus praecox*、水麻 *Debregeasia orientalis*、广西鸡失藤 *Paederia scandens*（Lour.）Merr、钩藤 Uncaria rhynchophylla（Miq.）Miq.ex Havil.、油茶 *Camellia Oleifera*、鸡矢藤 *Paederia scandens*、野扇花 *S.ruscifolia* Stapf.、绣球 *Spiraea blumei* G.Dom.、蜡莲绣球 *Hydrangea strigosa* Rehd、槐树 *Sophora japonica* L.、棕竹 *Rhapis excelsa*、小花青藤 *Illigera parviflora* Dunn、细圆藤 *Pericampylus*、青风藤 *Caulis Et Radix*、乌饭树 *Vaccinium bracteatum* Thunb、华夏子楝树 *Decaspermum esquirolii*、青藤仔 *Caulis Et Radix Periplocae Forrestii*、水竹 *Phyllostachysaurita*、茶树 *Camellia sinensis*、苦枥木 *Fraxinus rhynchophylla*、苦皮藤 *C.angulatus* Maxim、山胡椒 *Lindera*

续表

种组	植物种类
次顶极种	海桐 *Pittosporum tobira*、短颚海桐 *P.breucalyx*（*Oliv.*）、光叶海桐 *Pittosporum glabratum*、短萼海桐 *Pittosporum brevicalyx*（*Oliv.*）Gagnep、粗糠柴 *Mallotus philippinensis*、黄杞 *Engelhardtia roxburghiana*、黄檀 *Dalbergia hupeana* Hance、藤黄檀 *Dalbergia hancei* Benth.、飞蛾槭 *Acer oblongum* Wall、青榨槭 *Acerdavidii* Franch、珊瑚朴 *Celtis julianae* Schneid、齿叶黄皮 *Clausenadunniana*、野柿 *Diospyros morrisiana* Hance、尖叶四照花 *Dendrobenthamia angustata*、四照花 *Cronus japonica var.chinensis*、珊瑚冬青 *Ilex corallina* Franch.、冬青 *Ilex purpurea* Hassk.、刺叶珊瑚冬青 *Ilex corallina Franch.var.aberrans*、贵州花椒 *Zanthaxylum esquirolii* Levl、荔波鹅耳枥 *Carpinus lipoensis*、密花树 *R.neriifolia*（Sieb.et Zucc.）Mez、蕊帽忍冬 *Lonicera pileata* Oliv.、光叶铁仔 *Myrsinaceae nom.conserv.*、长穗桑 *Morus wittiorum* Handel-Mazzetti、川钓樟 *Lindera pulcherrima*（*Wall.*）*Benth.var.hemsleyana*、大古果冬青 *Archae fructus*、马樱杜鹃 *Rhododendron delavayi* Franch.、米饭花 *Vacciniuim mandarinorum* Diels、毛叶杜鹃 *Rhododendron championae* Hook.、球核荚蒾 *Viburnum propinquum* Hemsl.、白栎 *Quercus fabri* Hance、麻栎 *QuercusacutissimaCarruth*、石栎 *Lithocarpus glabra*、角翅卫矛 *Euonymuscornutus* Hemsl.、黔竹 *Dendrocalamus tsiangii*、小叶石栎 *Q.chenil*、慈竹 *N.affinis*（Rendle）Keng f.、海州常山 *Clerodendron trichotomum* Thunb.、野漆树 *Toxicodendron succedaneum*、漆树 *Toxicodendron vernicifluum*、女贞 *Fructus Ligustri* Lucidi、圆柏 *Sabina chinensis*、梁王茶 *N.delavayi*（Fr.）Harms ex Diels、厚皮香 *Ternstroemia gymnanthera*、云南大柱藤 *Megistostigma yunnanense* Croiz.、九里香 *Murraya exotica*、翠柏 *Sabina squamata cv.Meyeri*、黑壳楠 *Lindera megaphylla*、革叶卫矛 *Euonymus lecleri Lévl.*、扶芳藤 *Evonymusfortunei*、兴山蜡树 *Ligustrum henryi Hemsl.*、皱叶雀梅藤 *Sageretia gracilis* Dunn、梗花雀梅藤 *Sageretia henryi Drumm.et Sprague*、雀梅藤 *Sageretia theezans*、毛叶石楠 *Photinia villosa*（Thunb.）DC.、复羽叶栾树 *Koelreuteria bipinnata*、大果卫矛 *Euonymus myrianthus*、黄樟 *C.Parthenoxylon*、金佛山荚蒾 *Viburnum chinshanense* Graebn.、楝木 *Cornus macrophylla* Wall.、小楝木 *Swida paucinervis*、小叶蚊母树 *Distyliumbuxifolium*、杨梅蚊母树 *Distylium myricoides* Hemsl.、异叶梁王茶 *Nothopanax davidii*、异叶榕 *Ficus heteromorpha*、苦木 *Picrasma quassioides*、枇杷 *Eriobotrya japonica*、南方六道木 *Abelia dielsii*、小叶六道木 *Abelia parvifolia* Hemsl.、杨树 *PopulusL.*、豪猪刺 *Berberis julianae* Schneid.、中华野独活 *Miliusa sinensis* Finet et Gagnep.、罗伞 *Ardisia tenera* Mez in Engl.、云南萝芙木 *Rauwolfia yunnanensis* Tsiang、钢竹 *P.viridis*、桦木 *Betula spp*、江南紫金牛 *Ardisia faberi*、猴欢喜 *Sloanea sinensis*、贵州泡花树 *Meliosma henryi* Diels、鞘柄木 *Toricellia angulata* Oliv、梓木 *Sassafras tzumu* Hemsl.、青荚叶 *Helwingia japonica*、光皮桦 *Betula luminifera*、小花青风藤 *Sabia parviflora Wall.ex Roxb*、云南紫荆 *Cercis yunnanensis*、长叶柞木 *Xylosma longifolium* Clos、南岭柞木 *Xylosma controversum* Clos、拓树 *Cudrania tricuspidata*（Carr.）Bur.ex Lavallee、小果楠烛 *Lyonia ovalifolia*（Wall.）Drude var.elliptica、尾叶越桔 *Vaccinium dunalianum* Wight var.urophyllum、水红木 *Viburnum cylindricum* Buch.、红麸杨 *Rhus punjabensis* Stewart var.sinica（Diels）Rehd.et Wils、鸡仔木 *Sinoadina Ridsd.*、侧柏 *Platycladus orientalis*、杉木 *Cunninghamia lanceolata*、苦参 *Sophora flavescens*、喜树 *Camptatheca acuminata* Decne.

种组	植物种类
顶极种	掌叶木 *Handeliondendron bodinieri*、宜昌润楠 *M.ichangensis Rehd.et Wils.*、润楠 *Machilus pingii*、贵州青冈栎 *Cyclobalanopsis glauca*、多脉青冈栎 *Cyclobalanopsis multinervis*、小叶青冈栎 *Quercus myrsinifolia* Bl.、椤木石楠 *Photinia davidsoniae*、猴樟 *Cinnamomum bodinieri*、圆叶乌桕 *Sapium rotundifolium*、圆果化香树 *Platycarya longipes* Wu、朴树 *Celtis sinensis Pers.*、天鹅槭 *Aceraceae*、云贵鹅耳枥 *Carpinus pubescens*、红翅槭 *Aceraceae fabri* Hance、小叶栾树 *Koelreuteia minor* Hemsl.、小叶朴树 *Celtis bungeana*、高山栎 *Quercus semecarpifolia* Smith、灰背栎 *Quercus senescens* Hand.、小叶柿 *Diospyros mollifolia*、乌柿 *Diospyros cathayensis* Steward、大果冬青 *Ilex macrocarpa* Oliv.、小果润楠 *Machilus pingii*、青皮木 *Schoepfia chihehsis Cardn et champ*、栓皮栎 *Quercus variabilis* Blume.、牛耳枫 *Daphniphyllum calycinum* Benth.、川黔润楠 *Machilus*、安顺润楠 *Machilus cavaleriei* Levl.、翅荚香槐 *Cladrastis platycarpa*、南酸枣 *Choerospondias axillaris*、川桂 *Cinnamomum argenteum* Gamble、巴豆 *Croton tiglium* L.、木腊漆 *Anacardiaceae*、柏木 *Cupressusfunebris* Endl.、华山松 *Pinusarmandii* Franch.、云南松 *Pinus yunnanensis faranch*、大叶青冈栎 *Quercus glauca* Thunb.、野独活 *Miliusa chunii*、香果树 *Emmenopterys Henryi* Oliv.、米心树 *Fagus engleriana*、小果冬青 *Ilex micrococca* Maxim.、红果黄肉楠 *Litsea cupularis* Hemsl.、裂果卫矛 *Euonymus dielsianus* Loes.、刺花珊瑚冬青 *Ilex corallina Franch.var.aberrans Hand*、早禾树 *Viburnum odoratissimum* Ket.、水青冈 *Fagus longipetiolata* Seem.、粗叶木 *Lasianthus chinensis* Benth.、柘树 *Cudrania tricuspidata*、川溲疏 *Deutzia setchuenensis* Franch、栓皮栎 Quercus variabilis Bl.、青檀 *Pteroceltis tatarinowii*、穗序鹅掌柴 *Schefflera delavayi*、南方荚蒾 *Viburnum fordiae* Hance.、光枝楠 *Phoebe neuranthoides S.Lee et F.N.Wei*、光皮树 *Cornus wilsoniana*、黄连木 *Pistacia chinensis*、枳椇 *HoveniadulcisThunb.*、香樟 *Cinnamomum camphora*、厚朴 *Magnolia officinalis* Rehd et Wils.、岩桂 *Cinnamomum pauciflorum*、杜仲 *Eucommia ulmoides*、榆 *Ulmus pumila* Linn.、滇柏 *Cupressus duclouxiana* Hichel、柞木 *Xylosma japonicum*

表9 喀斯特石漠化区部分可供选择的造林树种（据李安定，2010）

石漠化类型区	人工造林树种		
	用材林树种	生态林树种	经果林树种
喀斯特高原石漠化区	滇柏 *Cupressus duclouxiana* Hickel、南酸枣 *Choerospondias axillaris*（Roxb.）Burtt et Hill、刺槐 *Robinia pseudoacacia* L.、柳杉 *Cryptomeria fortunei* Hooibrenk ex Otto et Dietr、响叶杨 *Populus Adenopoda* Maxim、华山松 *Pinus armandii* Franch	女贞 *Ligustrum lucidum*、杨树 *PopulusL.*、苦楝 *Melia azedarach* Linn.、猴樟 *Cinnamomum bodinieri*、梓木 *Sassafras tzumu*（Hemsl.）Hemsl.、光皮桦 *Betula luminifera*、盐肤木 *Rhus chinensis* Mill、构树 *Broussonetia papyrifera*	桃 *Amygdalus persica* Linn.、李 *Prunus salicina* Lindl.、木姜子 *LitseaeuosmaW.W.Smith*、核桃 *Juglans regia*、板栗 *Castanea mollissima*、桑 Morus alba L.、漆树 *Toxicodendron vernicifluum*、枇杷 *Eriobotrya japonica*、金银花 *Lonicera Japanica Thunb*、猕猴桃 *Actinidia chinensis Planch*、石榴 *Punica granatum* L.
喀斯特槽谷石漠化区	侧柏 *Platycladus orientalis*、华山松 *Pinus armandii* Franch、滇柏 *Cupressus duclouxiana* Hickel、柳杉 *Cryptomeria fortunei* Hooibrenk ex Otto et Dietr	杨树 *PopulusL.*、竹 *Bambusoideae*、滇杨 *Populus yunnanensis* Dode、盐肤木 *Rhus chinensis* Mill、构树 *Broussonetia papyrifera*	柿树 *Diospyros kaki* Thunb、杜仲 *Eucommia ulmoides*、苦丁茶 *Ilex latifolia* Thunb.、乌桕 *Sapium sebiferum*（L.）Roxb.、油桐 *Vernicia fordii*、黄柏 *Cortex Phellodendri Chinensis*

石漠化类型区	人工造林树种		
	用材林树种	生态林树种	经果林树种
喀斯特峰丛洼地石漠化区	桉树 *Eucalyptus robusta* Smith、侧柏 *Platycladus orientalis*、柳杉 *Cryptomeria fortunei* Hooibrenk ex Otto et Dietr	车桑子 *Dodonaea viscosa*、女贞 *Ligustrum lucidum*、盐肤木 *Rhus chinensis* Mill、构树 *Broussonetia papyrifera*	麻疯树 *Dendrocnide urentissima*（*Gagnep.*）Chew、火龙果 *Hylocereus undulatus Britt*、油桐 *Vernicia fordii*、石榴 *Punica granatum* L.
喀斯特峡谷石漠化区	南酸枣 *Choerospondias axillaris*（Roxb.）Burtt et Hill、华山松 *Pinus armandii* Franch、刺槐 *Robinia pseudoacacia* L、云南松 *Pinus yunnanensis*、车桑子 *Dodonaea viscosa*（L.）Jacq.、柳杉 *Cryptomeria fortunei* Hooibrenk ex Otto et Dietr	滇杨 *Populus yunnanensis* Dode、火棘 *Pyracantha fortuneana*、盐肤木 *Rhus chinensis* Mill、构树 *Broussonetia papyrifera*	金银花 *Lonicera Japanica* Thunb、花椒 *Zanthoxylum bungeanum*、桃 *Amygdalus persica* Linn、李 *Prunus salicina* Lindl.、枇杷 *Eriobotrya japonica*、火龙果 *Hylocereus undulatus Britt*、香椿 *Toona sinensis.* A.Juss、核桃 *Juglans regia*、板栗 *Castanea mollissima*、黑麦草 *Lolium perenne* L.、杜仲 *Eucommia ulmoides*、黄柏 *Cortex Phellodendri Chinensis*、苹果 *Malus pumila Mill.*、花红 *Malus asiatica Nakai*、百合 *Lilium brownii var.viridulum Baker*、石榴 *Punica granatum* L.
喀斯特断陷盆地石漠化区	侧柏 *Platycladus orientalis*、华山松 *Pinus armandii* Franch、云南松 *Pinus yunnanensis*、滇柏 *Cupressus duclouxiana* Hickel、柳杉 *Cryptomeria fortunei* Hooibrenk ex Otto et Dietr	车桑子 *Dodonaea viscosa*、女贞 *Ligustrum lucidum*、盐肤木 *Rhus chinensis* Mill、构树 *Broussonetia papyrifera*	桃 *Amygdalus persica* Linn、李 *Prunus salicina* Lindl.、银杏 *Ginkgo biloba* L.

（4）低效林改造技术措施：对于潜在石漠化或轻度石漠化土地，如果坡度较为平缓、林分生态防护效果较差、林分生长缓慢或经济价值较低，但同时又具备进行定向培育的条件，可在保证其生态效益的条件下，遵循自然规律，通过合理的疏伐、抚育、补植或采伐改造等措施提高林分质量，定向培育用材林、防护林和经济林，实现生态效益与经济效益的有机统一。对于林分生长缓慢、防护与经济效益差且不符合培育目的的林分，在尽量保护好下层灌木、草本和保证生态环境不恶化的前提下，对乔木树种进行采伐，选择生态效益、经济效益好的目的树种进行更新，培育符合经营目标的林分。

（5）生态农业技术：在农业生产过程中，采用优良品种，改变传统经营方式，加强水土保持措施，实施生态环境良好的高效农业，实现岩溶地区群众的增产增收，加速区域农民脱贫致富的步伐。为了增加生态系统的稳定性，可改变传统的粗放经营和顺坡耕种方式，采用等高耕种，按照现代农业的耕种模式实施节水保水技术、地膜覆盖技术、保墒技术、修建生物篱等一系列的防治水土流失、防止石漠化扩展的技术与措施，并大力推广优良抗旱高产高效的新品种，推广农林、农药、农牧混合经营模式。

（6）丛枝菌根真菌治理技术：岩溶生态系统地表干旱缺水，营养元素分布不均衡，石漠化的发生更是加剧了这一现象，使植被恢复的环境极其严酷，这种逆境环境造成植物难以定居，而且生长缓慢、生物量偏小，极大地限制了生物恢复潜力的发挥，结果导致定殖率差、恢复周期长，甚至出现"连年植树不见树，连年造林不见林"的现象。丛枝菌根真菌能促进植物对矿质营养元素的吸收，提高植物的抗病性、抗旱性和抗逆性，能改善土壤理化性质，稳定土壤结构，能够和植物相互作用控制植物群落的组成、物种多样性和演替，稳定生态系统。

2. 工程治理技术

主要包括基本农田建设、水资源开发利用、农村能源建设和水土保持基础设施建设。

（1）基本农田建设工程：包括坡改梯与土壤改良等工程。由于坡耕地是石漠化形成的主要原因之一，因此可利用当地丰富的石料来砌筑梯田坎并人工种植生物地埂，对15°～25°坡土进行梯化。深山区的耕地较为匮乏，也可将一定数量坡度大于25°的陡坡耕地进行坡改梯建设。岩溶地区的石灰土有别于地带性土壤，其影响土壤资源发挥功效的主要制约因素有土层薄、零星分散和营养元素有效态含量低且供给不平衡等。在石灰土土壤改良时，除了注意土壤的"三改一配套技术"的应用，即坡（15°～25°）改平、薄改厚（＞40cm）、瘦改肥、配套水系工程外，还要注意土壤定向培育营养元素供给的平衡。

（2）水资源开发利用工程：西南岩溶地区的地表地下为二元结构，表现为虽然降雨不少，但地表水系不发育、地表水漏失严重、蓄水条件差、而地下水较丰富，岩溶石漠化区水资源的开发要采取地表水—地下水综合利用的措施。利用有利的坡面径流，结合岩溶表层带降水的调蓄功能及发育的岩溶表层泉，在合适的部位修建水池、水窖，解决人畜饮水和不分灌溉用水。西南岩溶区发育有大量地下河网络系统，地下河水资源是区域水资源赋存的主要形态，也是当地居民生产、生活的主要水源。在已调查的地下河中，15%～20%有较好的开发利用条件，通过蓄、引、提、堵等方式有效开发地下河水资源，不仅可以解决人畜饮水、农田灌溉，而且可通过地下河的开发形成小水电，解决部分地区的农村能源问题，并发展养殖业、旅游业，推动区域经济综合发展。

（3）农村能源建设：石漠化地区燃料缺乏，群众生活普遍贫困，取暖做饭所需燃料常常要破坏山林植被。为此，要通过农村能源建设解决农民的燃料，杜绝上山砍柴打草，遏制石漠化发展。新能源建设包括沼气池、节能灶、太阳能与小型水电等。石漠化地区的沼气能源主要靠养殖和种植获得，因此发展沼气要和发展林果业和养殖业配套发展，把发展沼气同退耕还林、封山育林、植树造林和发展养殖业结合起来，实行"养殖—沼气—种植"三位一体的发展模式。同时，要配套实施"一池三改"工程，即改厕、改圈、改灶和建池同时进行。此外，西南地区光照时间长、太阳能资源丰富，应加大开发利用力度，如在广大农村推广使用太阳能热水器，充分利用太阳光能作为生活燃料的新动力。

（4）水土保持基础设施建设：西南岩溶区水土保持工程设施较少，远不能满足石漠化治理的需要，需加大力度进行建设。特别是要加强地下水河水系统的水保基础设施建设，主要包括落水洞口沉砂工程、落水洞疏通排洪工程、地下河拦沙工程等基础设施。

3. 其他治理技术

（1）加大生态移民力度。石漠化产生的根本原因在于石漠化地区的人口远超其土地合理生态承载力，导致人地矛盾、人水矛盾突出。加强岩溶地区的人口调控以及合理控制岩溶地区人口的自然增长，同时对石漠化程度特别严重、生活条件极端恶劣、生存状况严重恶化的地区加强人口控制力度，有计划、有步骤地实施异地生态移民，有效降低石漠化土地上的人口压力。除了将石漠化地区的人口进行异地搬迁，还要考虑搬迁人口的劳动就业意愿，对搬迁的人口进行专业技能培训，提高农民素质与就业能力，降低对石漠化土地的依赖度与扰动，促进岩溶地区的植被恢复。

（2）开展人工种草养畜，减少野外放养。石漠化区域农村有自由放牧习俗，过牧现象严重，林草植被和土壤结构遭受破坏，导致土壤抗侵蚀能力减弱，加剧土地石漠化。在岩溶地区推进草地畜牧业的发展、规范牲畜放养制度，是解决岩溶地区农村贫困与生态退化的有效途径，如采取人工植树和林下种草、选择高产牧草品种、科学施肥和管理等措施，提高土地牧草产量和质量，减少牲畜放养对林草植被与石漠化土地的破坏。

（3）合理利用岩溶景观资源，加大旅游开发力度。岩溶地貌是自然环境中一类独特的地理景观，在中国西南地区分布广泛。常见的喀斯特地貌包括地上、地下两种，地上的喀斯特地貌如石芽、石林、峰林等，地下的喀斯特地貌如溶沟、落水洞、地下河等。除此之外，还包括与地表和地下密切相关联的竖井、芽洞、天生桥等喀斯特地貌。各种石钟乳、石笋、石瀑布、莲花盆等钙质沉积也是形态各异。同时，岩溶地区往往也是瑶族、侗族、苗族等少数民族聚集区，具有浓郁的少数民族风情，旅游开发价值较高。通过整合岩溶地区的自然资源和人文景观资源，采取招商引资、承包经营等途径在岩溶地区发展第三产业，开拓旅游开发市场，转变当地直接依赖土地生产的发展模式，实现区域的可持续发展。

（二）石漠化治理典型模式

1. 植被恢复模式

植被覆盖度是衡量石漠化治理成效的根本标志，加强石漠化区域林草植被恢复至关重要。贵州省是全国石漠化土地面积最大、等级最全、程度最深、危害最重的省份，石漠化土地成为阻碍贵州省经济发展的主要因素之一。贵州省根据岩溶地区的环境特点和生态环境因子，针对不同环境类型采用不同的治理保护措施进行石漠化生态治理。因岩溶区植被具有喜钙、旱生、石生性特点，便在土层稀薄、养分贫瘠的石山地区选择具有该种生长习性的草本植物；而在土层较厚、养分丰富、水源充足的山间洼地、平岗地、山脚坡地，可以种植经济作物，提高人民的生活水平，保证其他生态治理工程的顺利进行。云南省也积极开展生态建设工程，针对不同的降水量采取不同的林草种植结构和植被恢复方式，如在降水量较多、利于森林植被生长的情况下，实行以林为主、草本植物为辅或林下种草的植被恢复方式；而在降水量较少的石山地带则实行以草本植物为主的植被恢复方式。在一些岩石裸露地比重大、植被稀少地区，采取天然更新、人工造林等措施，通过"栽针、留灌、补阔"或"栽阔、抚灌"形成复层乔灌混交林。广西西林县按照适地适树的原则，优先种植乡土树种，建设生态经济型防护林，通过采取扶持农户与大户承包治理的方式，引导群众在退耕地及荒坡地上种植市场前景好、有种植基础、经济价值较高的马尾松、板栗、花椒等树种，不仅治理水土流失、保护生态，同时还增加了农民收入。在石漠化地区种植经济作物，一方面可增加农民收入，另一方面对当地的土壤、生态也会产生积极影响。秀山县是重庆市石漠化较为典型的一个县，截至 2014 年年底，该县石漠化总面积为 8500km²，为治理石漠化，秀山县在一些石漠化地区实施退耕还林工程、种植油茶等经济作物，通过这些举措，石漠化地区的土壤有机质、全 N、全 K 含量分别比坡耕地高 9.1g/kg、5.3g/kg、1.97g/kg，土壤 pH 下降 1.36，土壤结构得到改善、土壤肥力有所提升，石漠化治理取得一定成就。

2. 坡改梯模式

云南文山州以山地地形为主，并且现有耕地大多分布在坡地上，这些坡地受到水力冲蚀，容易引起水土流失。加之坡地的土层比较贫瘠、土壤的肥力也比较低下，却不利于浇灌、耕种。为此，对这些坡地进行坡改梯工程，通过对原有坡地进行平整、增加土层厚度等方式，将原来坡道型山地调整为阶梯状，有效降低坡地的坡度，使这些坡地的种植更便捷、高效。

3. 农田水利模式

贵州在安顺油菜河南山、羊场片区和安龙法统坝子、平塘克度盆地等区域，针对坡度 <10°、存在旱涝灾害的坝谷盆地区域采取修建引水渠、排涝渠等农田水利措施，保证农田旱涝保收，提高基本农田单产，实现由"降雨径流→水土流失→旱、涝低产的恶性循环"向"降雨→集雨浇灌→稳产高产"的良性循环转变，从而达到石漠化综合治理的目的。云南文山州针对石漠化区域缺水的特点，修建引水沟、蓄水池、小水窖、拦砂坝、谷坊等水利设施，通过各种水利工程设施的建设，保障人畜饮用水和浇灌等生产用水的供给。同时，水利设施还发挥着保持生态的作用，通过引水沟、拦砂坝、谷坊等对水流的疏导和泥沙的控制，增强了蓄水保土能力，减少了泥沙淤积和洪水对河堤、农田等的损坏，有效减轻了山洪、滑坡、泥石流等问题。一些土地配套建成了旱地水浇水窖，既能保土，又解决了灌溉。

4. 农村能源模式

广西的"恭城模式"即"养殖—沼气—种植"三位一体生态链的石漠化治理模式是一条成功的经验。广西壮族自治区恭城瑶族自治县截至 2005 年年底，已累计建设农村沼气池 273.71 万座，沼气池入户率 34.21%，居全国第一位。沼气池的使用使每年节约薪柴 547 万吨，保护林地 4600km^2。此外，该县还建设大中型沼气工程 123 处、秸秆气化集中供气 3 处，推广省柴节煤灶 793 万户，推广太阳能热水器 12.17 万平方米。这些举措除了为农民增收以外，还有效遏制了当地不断恶化的生态环境。

5. 生态移民模式

对石漠化严重地区，生态移民是一项非常有效的措施。广西按照"统一规划、连片开发、分户经营"和"搬得出来、稳得下来、富得起来"的要求，对缺乏基本生存条件的大石山区特困群众实施异地搬迁安置，同时巩固完善历年扶贫异地安置场点建设，使安置点农民收入逐年稳步提高，不仅减少了岩溶地区由于人口过多带来的生态破坏，而且增加了农民收入。

6. 种草养畜模式

草是农林牧业联结的纽带，是生态建设的重要途径，也是改变岩溶地区贫穷面貌的首选产业之一。湖北鹤峰县、通城、十堰等地区利用种草养畜治理石漠化，推广养殖户禁牧不禁养、减畜不减收，促进人与自然和谐发展，地方生态建设取得明显改善。贵州省瓮安县利用山地种草、农作物秸秆饲料化发展养殖业，改放养为舍养，并与"一池三改"相结合，形成"畜多—肥料多—粮食多—收入多"的良性循环。

7. 旅游开发模式

喀斯特石漠化旅游是依靠石漠化地区的自然资源、农业经济资源和民俗文化资源，并以这些资源为载体，借助附近大中城市居民为客户群开发旅游市场，并提高石漠化地区的农村社区参与度，使当地居民从旅游开发中获益，并摆脱贫困的一种旅游方式。贵州省花江峡谷处于贵州西部旅游黄金线上，即黄果树—断桥—上关温泉—花江峡谷—马岭河峡谷—万峰林一线，位于黄果树、马岭河峡谷两个国家级旅游风景名胜区之间，为自然观光游、观光农业、生态旅游、科技旅游、奇石文化旅游、探险活动等的开发提供了可能。在花江示范区内的甘二盘、法郎两个组内开展参与式乡村旅游项目，通过社区和居民从旅游产品的生产到销售、从开发到接待的全方位参与，乡村旅游发展从经济上保障了社区居民的旅游收益，提高了贫困群体的能力，增强了贫困群体自立、自强意识，提高了贫困群体的生活质量和综合素质。

四、重大应用成果

近年来，我国石漠化治理取得了显著成效，充分证明石漠化是可以治理的，并非是不可以治理的"癌症"。下面将从石漠化区域的生态服务功能角度，结合案例分析重点介绍岩溶石漠化治理应用成果。

（一）喀斯特生态服务功能研究进展

生态系统服务功能是指生态系统与生态过程所形成及所维持的人类赖以生存的自然环境条件与效用，它是相应的土壤类型、岩石类型、海拔等地理地貌条件和人类活动综合作用的结果，其价值以直观的货币形式体现生态系统的功能状况。喀斯特地区石漠化的本质是其生态系统服务价值功能的降低或丧失，因此，石漠化治理的最终目的就是提升或恢复其生态系统服务价值功能，已有大量学者根据生态系统服务功能的评价标准估算了不同石漠化治理区的生态服务功能价值变化，综合反映了石漠化治理的成效。

研究表明，喀斯特生态系统的生态服务功能包含产品供给、固碳释养、涵养水源、土壤保持、教育科研、气候调节、生物多样性维持、营养物质循环、旅游/休闲/娱乐、提供栖息地、废物处理、土壤形成等。高渐飞和熊康宁（2015）综合评价了各指标的使用频率，即涵养水源、土壤保持使用率为100%，固碳释氧使用率为93%，产品供给使用率为80%，生物多样性维持使用率为73%，旅游/休闲娱乐使用率为67%，营养物质循环使用率为40%，气候调节使用率为47%，废物处理、原材料生产使用率均为40%，教育科研、土壤形成和提供栖息地功能使用频率较低，分别为20%、13%和7%。

（二）应用成果案例分析

1. 案例一：贵州省花江峡谷石漠化治理示范区 [①]

花江示范区位于贵州省西南部安顺市关岭县以南、贞丰县以北的北盘江花江河段，总面积51.64km²。土壤以石灰土为主，结构不良，质地黏重，缺乏团粒结构，为典型喀斯特中山峡谷地貌，山多、坡陡、北盘江河谷深切达980m。生境要素垂直分异明显，具有典型干热河谷气候特征，冬春温暖干旱，夏秋湿热，热量资源丰富；年均温18.4℃，年均极端最高温32.4℃，年均极端最低温6.6℃，年均降水量1100mm，但时空分布不均，5～10月降水量占全年总降水量的83%；多数区域已到达无土可流的境地，生态环境严酷，石漠化十分严重，被联合国教科文组织界定为不适宜人居的环境。2000—2010年示范区实施了封山育林育草和经济林（花椒、金银花、火龙果等）、坡改梯、人工种草等措施，并通过屋面集雨、坡面蓄水、泉点引水等方式，基本解决了农户饮水问题，示范区石漠化得到有效治理。

---

① 高渐飞，熊康宁.喀斯特石漠化生态系统服务价值对生态治理的响应——以贵州花江峡谷石漠化治理示范区为例［J］.中国生态农业学报，2015，23（6）：775-784.

表 10 花江示范区 2000—2010 年不同生态系统服务功能的价值变化（单位：百万元）

生态系统	涵养水源			固碳释养			土壤肥力		
	2000 年	2005 年	2010 年	2000 年	2005 年	2010 年	2000 年	2005 年	2010 年
耕地	10.19	8.53	8.13	29.61	17.29	16.87	8.43	6.85	9.23
林分	1.05	1.79	2.34	3.99	6.43	24.33	1.15	2.16	3.34
灌丛	5.42	5.66	7.36	20.19	25.54	41.46	4.50	5.13	8.63
经济林	0	4.23	5.05	0	8.24	13.94	0	3.43	6.41
裸岩荒地	2.73	2.49	2.33	5.72	7.22	15.21	2.47	2.63	2.91

十年间，花江示范区石漠化生态系统服务总价值增加了 9610 万元。其中，前期年均增长 349 万元，后期年均增长 1570 万元，较前期增长更为显著。不同恢复阶段生态系统服务功能增长部分构成中，固定二氧化碳、释放氧气价值和产品供给价值以及土壤肥力都是主要组成部分（图 5）。

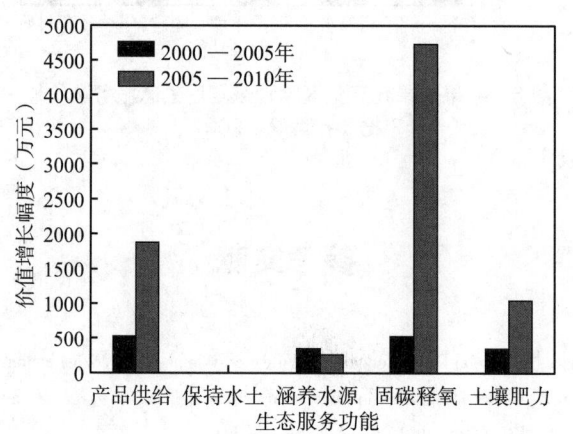

图 5 2000—2010 年花江峡谷石漠化生态系统服务
价值增长幅度（据高渐飞和熊康宁，2015）

2. 案例二：广西壮族自治区平果县果化示范区

平果县位于广西壮族自治区西南部百色市，是广西石漠化最严重的地区之一。平果县石漠化面积达 1087.23km²，占全县总面积的 43.75%。示范区年平均降雨量约为 1500mm，5 ~ 8 月降雨量占全年的 65%。示范区属于典型的喀斯特峰丛洼地，岩性主要为纯灰岩和硅质灰岩。据调查，治理前区内植被覆盖率不足 10%，森林覆盖率约 1%，植物种类尤其是乔木树种单一，主要有 3 种树种，即任豆树、李果和扁桃。区内土层瘠薄，岩石裸露率高，水土流失严重。

经研究测算，示范区治理前的总收入为 91.58 万元，治理后的总收入为 179.82 万元；治理前土壤层涵养水源价值为 211.79 万元，治理后土壤层涵养水源价值为 275.69 万元，新增加的植被枯枝落叶层和表层岩溶带涵养水源价值为107.71万元；示范区治理恢复前土壤肥力价值为665.33万元，治理恢复后土壤肥力价值为895.46万元；示范区治理恢复后植被固碳和释放氧气价值为398.47万元，治理恢复后的教育和科研价值为18.48万元。示范区治理恢复后生态服务净价值中间接经济净价值达1018.69万元，扣除治理期间实际投入的科研费用，总的净价值为886.93万元（图6）。

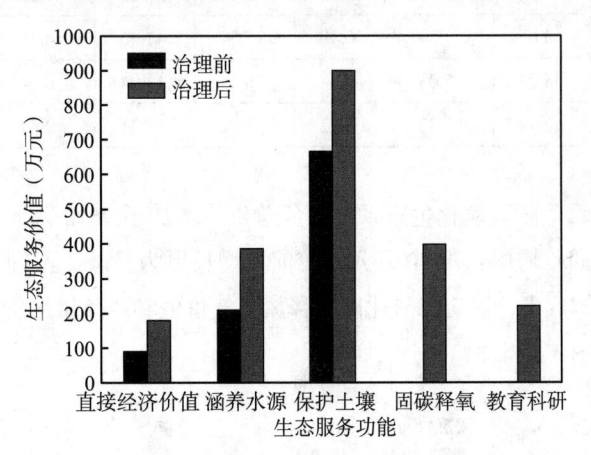

图6　平果县果化示范区治理恢复后生态服务净价值
（据吴孔运等，2007）

参考文献

［1］ Daily G. Nature's Services: Societal Dependence on Natural Ecosystems ［M］. Washington D C: Island Press, 1997.

［2］ Jiang Z, Lian Y, Qin X. Rocky Desertification in Southwest China: impacts, causes and restoration ［J］. Earth-Science Reviews, 2014, 132（3）: 1–12.

［3］ 中国科学院南京土壤研究所土壤物理研究室. 土壤物理性质测定方法［M］. 上海: 上海科学技术出版社, 1978.

［4］ 朱守谦. 喀斯特森林生态研究（I）［M］. 贵阳: 贵州科技出版社, 1993.

［5］ 薛达元. 生物多样性经济价值评估：长白山自然保护区案例研究［M］. 北京: 中国环境科学出版社, 1997.

［6］ 欧阳志云, 王效科, 苗鸿. 中国陆地生态系统服务功能及其生态经济价值的初步研究［J］. 生态学报, 1999, 19（5）: 607–613.

［7］ 王世杰, 季宏兵. 碳酸盐岩风化成土作用的初步研究［J］. 中国科学, 1999, 29（5）: 441–449.

［8］ 彭建, 杨明德. 贵州花江喀斯特峡谷水土流失状态分析［J］. 山地学报, 2001, 19（6）: 511–515.

［9］ 王瑞江, 姚长宏, 蒋忠诚, 等. 贵州六盘水石漠化的特点、成因与防治［J］. 中国岩溶, 2001, 20（3）: 211–216.

［10］ 姚长宏, 杨桂芳, 蒋忠诚. 贵州省岩溶地区石漠化的形成及其生态治理［J］. 地质科技情报,2001,20（2）: 75–78.

［11］ 王世杰. 喀斯特石漠化概念演绎及其科学内涵的探讨［J］. 中国岩溶, 2002, 21（2）: 101–105.

［12］ 喻理飞, 朱守谦, 叶镜中. 喀斯特森林不同种组的耐旱适应性［J］. 南京林业大学学报（自然科学版），

2002, 26（1）：19-22.

［13］ 喻理飞, 朱守谦, 叶镜中, 等. 退化喀斯特森林自然恢复过程中群落动态研究［J］. 林业科学, 2002, 38（1）：1-7.

［14］ 喻理飞, 朱守谦, 祝小科, 等. 退化喀斯特森林恢复评价和修复技术［J］. 贵州科学, 2002, 20（1）：7-13.

［15］ 李阳兵, 侯建筑, 谢德体. 中国西南岩溶生态研究进展［J］. 地理科学, 2002, 22（3）：365-370.

［16］ 张殿发, 王世杰, 李瑞玲, 等. 土地石漠化的生态地质环境背景及其驱动机制——以贵州省喀斯特山区为例［J］. 生态与农村环境学报, 2002, 18（1）：6-10.

［17］ 苏维词, 朱文孝. 贵州喀斯特山区的石漠化及其生态经济治理模式［J］. 中国岩溶, 2002, 21（1）：19-24.

［18］ 王世杰, 李阳兵, 李瑞玲. 喀斯特石漠化的形成背景、演化与治理［J］. 第四纪研究, 2003, 23（6）：657-666.

［19］ 龙健, 李娟, 滕应, 等. 贵州高原喀斯特环境退化过程土壤质量的生物学特性研究［J］. 水土保持学报, 2003, 17（2）：47-50.

［20］ 马文瀚. 贵州喀斯特脆弱生态环境的可持续发展［J］. 贵州师范大学学报：自然科学版, 2003, 21（2）：75-79.

［21］ 周忠发, 黄路迦. 喀斯特地区石漠化与地层岩性关系分析——以贵州高原清镇市为例［J］. 水土保持通报, 2003, 23（1）：19-22.

［22］ 王德炉. 喀斯特石漠化的形成过程及防治研究［D］. 南京：南京林业大学, 2003.

［23］ 王德炉, 朱守谦, 黄宝龙. 石漠化的概念及其内涵［J］. 南京林业大学学报（自然科学版）, 2004, 28（6）：87-90.

［24］ 曹建华, 袁道先, 章程, 等. 受地质条件制约的中国西南岩溶生态系统［J］. 地球与环境, 2004, 32（1）：1-8.

［25］ 石培礼, 吴波, 程根伟, 等. 长江上游地区主要森林植被类型蓄水能力的初步研究［J］. 自然资源学报, 2004, 19（3）：351-360.

［26］ 苏维词, 杨华. 典型喀斯特峡谷石漠化地区生态农业模式探析——以贵州省花江大峡谷顶坛片区为例［J］. 中国生态农业学报, 2005, 13（4）：217-220.

［27］ 苏孝良. 贵州喀斯特石漠化与生态环境治理［J］. 地球与环境, 2005, 33（4）：20-28.

［28］ 龙健, 江新荣, 邓启琼, 等. 贵州喀斯特地区土壤石漠化的本质特征研究［J］. 土壤学报, 2005, 42（3）：419-427.

［29］ 李阳兵, 王世杰, 周德全. 茂兰岩溶森林的生态服务研究［J］. 地球与环境, 2005, 33（2）：39-44.

［30］ 王宇, 杨世瑜, 袁道先. 云南岩溶石漠化状况及治理规划要点［J］. 中国岩溶, 2005, 24（3）：206-211.

［31］ 龙健, 李娟, 江新荣, 等. 喀斯特石漠化地区不同恢复和重建措施对土壤质量的影响［J］. 应用生态学报, 2006, 17（4）：615-619.

［32］ 刘敏超, 李迪强, 温琰茂, 等. 三江源地区生态系统水源涵养功能分析及其价值评估［J］. 长江流域资源与环境, 2006, 15（3）：405-408.

［33］ 李明军. 喀斯特农村参与式社区发展与石漠化综合防治［D］. 贵阳：贵州师范大学, 2006.

［34］ 谢高地, 肖玉, 鲁春霞. 生态系统服务研究：进展、局限和基本范式［J］. 植物生态学报, 2006, 30（2）：191-199.

［35］ 张冬青, 林昌虎, 何腾兵, 等. 贵州喀斯特环境特征与石漠化的形成［J］. 水土保持研究, 2006, 13（1）：220-223.

［36］ 张学俭, 陈泽健. 珠江喀斯特地区石漠化防治对策［M］. 北京：中国水利水电出版社, 2007.

［37］ 中国标准出版社第二编辑室. 环境监测方法标准汇编（土壤环境与固体废物）［M］. 北京：中国标准出版社, 2007.

［38］解天. 云南的石漠化土地及其治理思路［J］. 中国国土资源经济, 2007, 20（11）: 22-23.

［39］刘玄启, 唐小翠. 石漠化治理与新农村建设［J］. 广西民族大学学报（哲学社会科学版）, 2007, 29（s2）: 61-63.

［40］陈伟华, 宋建波, 苏孝良. 矿山石漠化——与喀斯特石漠化并存的一种石漠化类型［J］. 矿业研究与开发, 2007, 27（5）: 39-41.

［41］李森, 魏兴琥, 黄金国, 等. 中国南方岩溶区土地石漠化的成因与过程［J］. 中国沙漠, 2007, 27（6）: 918-926.

［42］刘丛强. 生物地球化学过程与地表物质循环: 西南喀斯特流域侵蚀与生源要素循环［M］. 北京: 科学出版社, 2007.

［43］吴孔运, 蒋忠诚, 罗为群. 喀斯特石漠化地区生态恢复重建技术及其成果的价值评估——以广西平果县果化示范区为例［J］. 地球与环境, 2007, 35（2）: 159-165.

［44］罗俊, 王克林, 陈洪松. 喀斯特地区土地利用变化的生态服务功能价值响应［J］. 水土保持通报, 2008, 28（1）: 19-24.

［45］黄秋燕, 曾令锋. 红水河梯级电站喀斯特库区土地利用及其生态系统服务价值研究［J］. 地理与地理信息科学, 2008, 24（2）: 66-70.

［46］张光辉, 张新平, 张丽. 草地畜牧业是改变岩溶地区贫穷面貌的首选产业［J］. 草业科学, 2008, 25（9）: 83-86.

［47］熊鹰, 谢更新, 曾光明, 等. 喀斯特区土地利用变化对生态系统服务价值的影响——以广西环江县为例［J］. 中国环境科学, 2008, 28（3）: 210-214.

［48］杨振海. 我国岩溶地区的草食畜牧业发展［J］. 中国畜牧业, 2008（13）: 20-22.

［49］张亮, 胡宝清. 基于土地利用变化的喀斯特地区生态服务价值损益估算——以广西都安瑶族自治县为例［J］. 中国岩溶, 2008, 27（4）: 335-339.

［50］张明阳, 王克林, 陈洪松, 等. 喀斯特生态系统服务功能遥感定量评估与分析［J］. 生态学报, 2009, 29（11）: 5891-5901.

［51］张喜. 贵州喀斯特山地森林生态系统服务功能监测与评价网络布局研究［J］. 安徽农业科学, 2009, 37（23）: 11289-11292.

［52］邓菊芬, 崔阁英, 王跃东, 等. 云南岩溶区的石漠化与综合治理［J］. 草业科学, 2009, 26（2）: 33-38.

［53］李森, 王金华, 王兮之, 等. 30a来粤北山区土地石漠化演变过程及其驱动力——以英德、阳山、乳源、连州四县（市）为例［J］. 自然资源学报, 2009, 24（5）: 816-826.

［54］李阳兵, 王世杰, 周梦维, 等. 不同空间尺度下喀斯特石漠化与坡度的关系［J］. 水土保持研究, 2009, 16（5）: 70-72.

［55］刘丛强. 生物地球化学过程与地表物质循环: 西南喀斯特土壤—植被系统生源要素循环［M］. 北京: 科学出版社, 2009.

［56］吴协保, 孙继霖, 林琼, 等. 石漠化综合治理中林业建设思路与内容探讨［J］. 山地农业生物学报, 2009, 28（4）: 346-350.

［57］刘拓. 中国岩溶石漠化: 现状、成因与防治［M］. 北京: 中国林业出版社, 2009.

［58］王英. 喀斯特石漠化地区旅游扶贫开发研究［D］. 贵阳: 贵州师范大学, 2009.

［59］李安定. 喀斯特石漠化区植物群落结构配置评价及优化配置［D］. 贵阳: 贵州大学, 2010.

［60］李苇洁, 汪廷梅, 王桂萍, 等. 花江喀斯特峡谷区顶坛花椒林生态系统服务功能价值评估［J］. 中国岩溶, 2010, 29（2）: 152-154.

［61］王立, 贾文奇, 马放, 等. 菌根技术在环境修复领域中的应用及展望［J］. 生态环境学报, 2010, 19（2）: 487-493.

［62］王明云, 陈波, 容丽. 普定喀斯特石漠化地区森林植被恢复示范研究［J］. 地球与环境, 2010, 38（2）:

202-206.

［63］张明阳，王克林，刘会玉，等．喀斯特生态系统服务价值时空分异及其与环境因子的关系［J］．中国生态农业学报，2010，18（1）：189-197.

［64］熊康宁，陈起伟．基于生态综合治理的石漠化演变规律与趋势讨论［J］．中国岩溶，2010，29（3）：267-273.

［65］张明阳，王克林，刘会玉，等．桂西北典型喀斯特区生态服务价值的环境响应及其空间尺度特征［J］．生态学报，2011，31（14）：3947-3955.

［66］周传艳，陈训，刘晓玲，等．基于土地利用的喀斯特地区生态系统服务功能价值评估——以贵州省为例［J］．应用与环境生物学报，2011，17（2）：174-179.

［67］刘建刚，谭徐明，万金红，等．2010年西南特大干旱及典型场次旱灾对比分析［J］．中国水利，2011（9）：17-19.

［68］凡非得，罗俊，王克林，等．桂西北喀斯特地区生态系统服务功能重要性评价与空间分析［J］．生态学杂志，2011，30（4）：804-809.

［69］蔡品迪，喻理飞，付邦奎，等．退化喀斯特森林近自然度评价指标体系的构建——以贵州省修文县示范区为例［J］．中南林业科技大学学报，2012，32（6）：87-91.

［70］魏源，王世杰，刘秀明，等．丛枝菌根真菌及在石漠化治理中的应用探讨［J］．地球与环境，2012，40（1）：84-92.

［71］文卫元，刘维湘．隆回县石漠化治理措施与成效［J］．湖南林业科技，2013，40（2）：56-59.

［72］吴协保，屠志方，李梦先，等．岩溶地区石漠化防治制约因素与对策研究［J］．中南林业调查规划，2013，32（4）：68-72.

［73］吴照柏，但新球，吴协保，等．岩溶地区石漠化危害与防治效果分析［J］．中南林业调查规划，2013，32（3）：63-66.

［74］莫剑锋，符如灿，罗雪梅，等．桂西南岩溶生态敏感区石漠化演变及治理经验［J］．广东农业科学，2013，40（10）：166-170.

［75］陈洪松，聂云鹏，王克林．岩溶山区水分时空异质性及植物适应机理研究进展［J］．生态学报，2013，33（2）：317-326.

［76］韩会庆，蔡广鹏，张凤太，等．喀斯特地区土地利用变化对生态服务价值的影响——以贵州省绥阳县为例［J］．水土保持研究，2013，20（2）：272-275.

［77］沈杉．云南省文山州石漠化问题研究［D］．昆明：云南财经大学，2014.

［78］但新球，屠志方，李梦先．中国石漠化［M］．北京：中国林业出版社，2014.

［79］高渐飞，熊康宁．喀斯特生态系统服务价值评价——以贵州花江示范区为例［J］．热带地理，2015，35（1）：111-119.

［80］高渐飞，熊康宁．喀斯特石漠化生态系统服务价值对生态治理的响应——以贵州花江峡谷石漠化治理示范区为例［J］．中国生态农业学报，2015，23（6）：775-784.

［81］李新委．典型石漠化地区油茶种植效益研究［D］．重庆：西南大学，2015.

［82］陈燕丽．基于教育移民的石漠化地区生态可持续恢复研究［J］．安徽农业科学，2016，44（13）：312-314.

［83］蒋忠诚，罗为群，童立强，等．21世纪西南岩溶石漠化演变特点及影响因素［J］．中国岩溶，2016，35（5），461-468.

［84］詹奉丽．典型小流域石漠化治理工程的"3S"优化决策与工程治理推广适宜性评价［D］．贵阳：贵州师范大学，2016.

撰稿人：周金星　关颖慧　刘小康　冯国建　庞丹波

山地灾害防治

一、引言

（一）山地灾害概述

山地灾害防治是一个遍及全球的共同课题。除南极洲外，世界各地均有踪迹。世界上山地灾害最活跃地区分布于北回归线至北纬 50° 之间的区域，如阿尔卑斯山 – 喜马拉雅山系、环太平洋山系、欧亚大陆内部的一些山系等；其次是拉丁美洲、大洋洲和非洲某些山区。目前，全世界有山地灾害的国家超过 50 个，平均每年因山地灾害的死亡人数多达 800 人，经济损失在 50 亿美元以上。尤其是近十年，国际山地灾害呈上升趋势。

我国山区和半山区面积约占国土总面积的三分之二，大部分山地和高原地质构造复杂、山地起伏大，特别是在新构造运动活跃的第四系沉积物深厚、山高坡陡、地表破碎、地震频繁，又多处于季风区，暴雨集中，许多地方具备山地灾害形成的基本条件。中国泥石流分布在 31 个省、市和自治区，约 950 个县区。泥石流的活动区域面积达 430 万 km^2，其中活动强烈的地区达 230 万 km^2。全国有 8 万处泥石流活动，其中严重的有 8500 处。天山、祁连山、昆仑山的前山地带、秦岭、太行山区、北京西山、辽西山地和吉林的长白山地区均分布有严重泥石流，而西藏东南部、横断山区、滇西及滇北、四川省山区更是泥石流频发地区。全国有近百座县城受到泥石流的直接威胁和危害，如四川的汉源、泸定、德荣、四昌、南坪、炉霍、金川等 20 余座；云南的东川、巧家、南涧、漾濞、德钦等 18 座；西藏的江孜、亚东、八宿、定日、索县、丁青等 10 座县城；甘肃的兰州、武都、文具、礼县等 10 余座城市。此外，山区铁路交通也深受泥石流危害，据初步统计，全国有 20 条铁路干线上分布着 1400 多条泥石流沟。

（二）我国山地灾害地域分布及特点

我国地形具有西高东低的阶梯状特点，西部为大草原、极高山、高山，中部为宽广的中山、低山、丘陵和平原。从西到东的地形高度阶梯状下降，明显分为三块，平均海拔分别为 4500m 以上、1000～2000m 和 500m 以下。在各级阶梯过渡的斜坡地带和大山系边缘地带，岭谷高差在 2000m 以上，山坡坡度在 30°～50°，河床比降陡，多跌水和瀑布，这种沟床比降、沟坡坡度、集水面积等地貌条件极易孕育山地灾害。

同时，在典型的季风气候区，降雨与泥石流的关系也极为密切。若以 400mm 为界，可将我国分成东部湿润区、西部干旱区。东部湿润区多发生高频率泥石流灾害；西部干旱区和高寒地区多出现冰雪消融泥石流、冰湖溃决泥石流和降雨型泥石流，并且冰雪消融泥石流规模大，频率高。降雨型泥石流发育并分布于辽西山地、北京西部山区、太行山区、秦岭山区、大巴山区、龙门山区、横断山区、乌蒙山区、南岭、五指山区，台湾阿里山区也有零星分布；以降水和冰雪消融、冰湖溃决为水动力条件形成的泥石流分布于喜马拉雅山、念青唐古拉山、祁连山、天山及横断山的高原、山地，遍及 20 多个省、市、自治区。当中雨、大雨、暴雨、大暴雨、特大暴雨 24h 降雨分别为 10mm、25mm、50mm、100mm、200mm 时，均有激发泥石流灾害的可能性，泥石流的发生与前期降雨特别是前 10min 和 1h 的短历时雨强的关系十分密切。

中国山地灾害大致以大兴安岭—张家口—榆林—兰州—长度为界，集中分布于断裂构造带、地震活动带、软弱岩层破碎带、易滑动底层出露带以及深切割高山地带。此线西北地区主要为青藏高原的高寒冷干燥区，前者以冰原作用下的冻融滑坡、冻融泥石流为主，在地震、冰雪复合作用下多发育大规模的崩塌滑坡、冰川泥石流等灾害；后者则多在盆地边缘和河渠两岸发生崩塌和滑坡，规模往往较小。此线以东、以南的广大山区是以水流为主要侵蚀动力的季节湿润、半湿润地区，也是人口密集区，人为生产建设活动活跃，各种类型广为发育。我国泥石流因受地质地貌和气候控制而具有一定的区域分布特点，同时由于其他外力因子的作用出现局部的区域性特点——沿深切割地貌屏障迎风坡密集分布，沿强烈地震带成群分布，沿深大断裂带集中分布，沿生态环境严重破坏地带分布，从而具有典型的地域分布特征。

1. 地形阶梯间的过渡带

我国现有三个地形阶梯地貌，其间分布有两个过渡地带，其一是青藏高原向次一级的高原或盆地（云贵高原、黄土高原、四川盆地、塔里木盆地、准噶尔盆地）的过渡地带，包括昆仑山、祁连山、岷山、龙门山、横断山和喜马拉雅山；其二是次一级高原盆地向我国东部低山丘陵的过渡地带，包括大小兴安岭、长白山、燕山、太行山、秦岭、大巴山、巫山、武岭、云开大山等。

2. 高原及边缘山区

（1）青藏高原及边缘山区。青藏高原平均海拔 4500m，高原上横卧着冰雪连绵的巨大山脉，是我国冰雪消融泥石流的分布地带。

（2）黄土高原及边缘山区。包括太行山、乌鞘岭、日月山、秦岭的广大地域。在干燥条件下，旺盛的黄土堆积和在较湿润的气候条件下，强烈的流水侵蚀所塑造的特殊的黄土沟谷地貌与塬、梁、峁等地貌组合，使黄土高原成为千沟万壑、地表十分破碎的地貌形态，是我国暴雨泥石流的主要发生区。

（3）云贵高原及山缘山区。云贵高原位于我国西南，包括贵州全部、云南东部、广西北部以及四川、湖南、湖北部分边境地区。高原平均海拔 1000 ~ 2000m，西北高、东南低。云贵高原的地貌除滇中、滇东和黔西北角常保持较平缓高原面外，外围大部分地区被江河切割成层峦叠嶂、坎坷崎岖的山地性高原，是我国暴雨泥石流分布的地带。

（三）中国山地灾害防治发展历程

我国泥石流治理大致经历了三个阶段，即局部治理阶段、部门治理阶段和综合治理阶段。不同的业务管理部门如城镇、工矿、铁路和水利电力等所针对的泥石流灾害威胁对象不同，根据不同的防护要求分别展开治理。

我国泥石流局部治理起步很早，但多限于流域下游泥石流冲淤危害的防治，当时的措施为导流堤、挑流坝等，堤坝工程设计方法与防治工程相同，故易遭毁坏。

随着江河治理、铁路公路以及大型水利水电工程的建设尤其是"三线建设"，研究程度不断深入，改革开放后的大规模经济建设更是促进了学科的成长和发展。山地灾害的生成与防治是一个涉及地理学、物理学、水文学、应用数学、力学、社会经济学等学科领域且多方位研究、综合性很强的学科体系。目前，我国投入研究调查的防治工作部门单位很多，各级政府、地质、水利、交通、城建、农林各部和中科院、地科院、水科院等各大专院校、研究所、环境地质站点都相继开展了有关研究，测试、防治工作取得了一定成绩。中国水文地质工程地质勘察院、成都水文工程地质中心先后编写了《中国地质灾害资料汇编》《长江三峡工程水库移民与开发的环境地质研究》等著作，铁道部的《中国山地灾害》、中国科学院水利部成都山地灾害与环境研究所的《山洪泥石流滑坡灾害与防治》、地矿部环境地质研究所的《中国环境地质图系》等成果，均显示我国山地灾害研究已进入一个新时期。

80 年代以来，在"国际减灾十年"运动的倡导下，国际间的科技交流合作十分活跃，目前已经有二十多个国家系统地开展了研究，多次展开学术讨论和专题会议，尤其以日本、美国、苏联、奥地利等国更为突出。在灾害监测和预警方面，美国等国家和地区曾经或正在进行的区域性降雨滑坡实时预报工作，其预报精度可以用小时衡量。1982 年 1 月 3—5 日，美国加利福尼亚旧金山湾 34 小时累计降雨 616mm 诱发数千处滑坡和泥石流，造成 25 人死亡、6600 万美元的直接经济损失。随后美国地质调查局（USGS）进行了区域详细的滑坡泥石流灾害调研项目，同时与国家气象局一起在 1985 年筹备建立了实时滑坡预警系统，该预报系统由 45 个遥测雨量计覆盖全区，当雨量增加 1mm 时遥测雨量数据以无线微波方式发送到接收站，USGS 工作人员对雨量数据进行分析预测，并通过 Cannon-Enllen 模型对灾害进行预测。

"八五""九五"期间，我国在地质灾害监测预警方面开展了一系列科研工作，取得了大量成果，并在一些重大项目如长江三峡链子崖危岩体防治工程中发挥了重要作用，对提高我国地质灾害监测、预测预报理论、监测技术方法、信息管理和预警水平方面起到了积极的推动作用。唐晓春等通过对云南省近 40 年来主要类型泥石流防治试点的综合分析，在对泥石流防治的原则、方案和措施进行研究的基础上，给出了云南省城镇泥石流、农田泥石流和道路泥石流的防治模式。

2012 年，《国务院关于加强地质灾害防治工作的决定》颁布，《全国山洪防治规划》和《全国地质灾害防治"十二五"规划》先后得到国务院批准实施，极大促进了山地灾害防治工程的实施，也为山地灾害研究提出了新的要求。为进一步增强对山地灾害物理过程的认识、开发新的减灾技术、发展山地灾害学科、促进减灾工作，全国地质灾害"十三五"规划在"十二五"成果的基础上特别提出："要提升地质灾害形成机理、早期识别、成灾模式等方面的科学认识，加强灾害风险评估预测预警等研究，完善地质灾害相关理论。提升特大地质灾害监测预警网络与应急处置专业化支撑能力。加快研发地质灾害监测设备和预警技术方法，提高监测预警预报精度，大力推进物联网、大数据和云计算等地质灾害防治中的应用""并在 2020 年，建成系统完善的地质灾害调查评价、监测预警、综合治理、应急防治四大体系，全面提升基层地质灾害防御能力的宏伟目标"。

二、理论研究进展

（一）泥石流

1. 启动机理

（1）土动力模式。土动力类泥石流是由坡面或沟道的松散土（石）体随着含水量的增加主要在重力作用下而启动形成的泥石流。关于土动力模式启动机理的研究，国内外众多学者以土体的不同参数作为控制量，探讨控制量对泥石流形成的影响。具有代表性的如康志成（1988）、Iverson 和 LaHusen（1989）、崔鹏（1991）、崔鹏和关君蔚（1993）以及 Iverson 等（1997）。

康志成（1988）分析了中国几条高频泥石流流域的泥石流观测资料，认为泥石流的形成与土体的重力侵蚀密不可分。例如，云南大盈江浑水沟每年发生 20 次以上的高频连续性泥石流的固体物质来源量与滑坡位移量有密切关系。根据 1976—1978 年的观测资料分析，云南东川蒋家沟流域的重力侵蚀量占总输沙量的90%。由此得出，不同含水量土石体的稳定性分析将有助于评价泥石流产生的阶段，并对此类泥石流产生的动力学进行初步分析，根据土石体本身因降水而引起的土石体含水量变化进而将泥石流的产生分为四种讨论进行。

崔鹏（1991）认为底床程度、水分状况和颗粒级配是决定泥石流启动的主要因素，选单沟发育活动较强的横断山区北部九寨沟作为原型，坡度作为试验过程中的控制因素，通过坡度的改变来确定不同土体的含水量（饱和度）和颗粒级配（主要控制细颗粒的含量）对泥石流起动的影响，并基于此确定泥石流起动的临界条件，提出了泥石流的预防和治理方法。

Iverson（1997）通过野外观测、室内试验及理论分析认为，滑坡转换为泥石流运动一般要经历三个过程：① 斜坡上的土体、岩体或者是沉积物内部发生大范围的库伦剪切破坏；② 当上述的堆积物饱和或过饱和时受到扰动，孔隙水压力骤然升高，导致土体内局部或整体的液化；③ 滑坡的平动动能转化为土体内部的震动动能。

泥石流的土动力模式是由于高位山坡的各种地貌形态上的松散土石体随着含水量的增加强度降低，开始启动加速运动，土石流扰动液化，直至形成泥石流，它们大致要经历五个阶段。

阶段1：土石流启动，这时的土石体仅仅是由降水引起含水量的增加，使得孔隙水压力增大、土体强度减小，导致土石体开始下滑。这时土石体的性质仍保持库伦体性质。

阶段2：土石体减速运动初始阶段，由于土石体刚刚启动，运动速度还不大，仅在土石体底层出现扰动和液化，整层受到轻微的震动，使得粗粒物料之间的细粒物料（粉沙及黏土物）出现液化，成为黏塑性体。根据其性质，可近似地将它看成固相的黏弹性体，即弹性体（粗粒物料）和黏塑性体（细粒物料形成）两部分组成的聚集体，弹性成分组成骨架，黏塑性成分填充在骨架构成的孔隙之中。在承受外力作用时，骨架和黏塑性体分受应力。在骨架发生变形的同时，黏性体也流动，一方面消耗部分能量，另一方面推迟骨架的变形。

阶段3：随着土石流运动速度增加，不仅土石体底层扰动和液化进一步增强，而且向深层发展，再加沿溪沟或坡面水流渗入，使得土石体整层受到扰动和液化。到了加速末期，细粒物组成的黏塑性体完全液化成黏塑性浆液而充满在粗颗粒之间，使整个土石体具有流动的液相性质。它是由弹性体（粗粒石料）和黏性体（细粒泥浆）组成的聚集体，弹性成分埋在连续的黏性成分之中。因弹性颗粒彼此不相接触，故当物体受外力作用时，它们承受着相同的应力，而由于两者的应变很不相同，所以总应变为两者之和。这就是液相黏弹性体，又称马克韦尔体。这样的黏弹性体非常类似于高黏性泥石流（容重达 2.2t/m^3）性质。

阶段4和阶段5：土石体经过阶段2和阶段3之后，得到充分的震动。扰动和搅拌之后，进入阶段 4 的土石体，可有两种情况出现：一种情况是进入阶段 4 的土石体由于沟谷里没有水分渗入，成为结构或非结构体运动；另一种情况有较多的水分渗入，使得土石体具有明显的流动性，成为紊流或者层流特性泥石流体。

日本泥石流学者高桥堡提出基于河床质起动的泥沙运动理论：讨论沟道松散物质的起动条件。

剪应力：

$$\tau = g \times \sin\theta \left[C_* \left(\rho_m - \rho \right)\alpha + \rho(\alpha + h_0) \right] \tag{1}$$

抗剪切力：

$$\tau_L = g \times \cos\theta \left[C_* \left(\rho_m - \rho \right)\alpha + \rho_m d/\cos\theta \right] \tan\varphi \tag{2}$$

式中：τ 为剪切力；θ 为沟道纵坡；C_* 为堆积层土石体的体积浓度；ρ_m 为土石体密度；ρ 为水密度；α 为土石体发生滑动层厚度；h_0 为径流水深；τ_L 为抗剪力；ψ 为土石体内摩擦角。

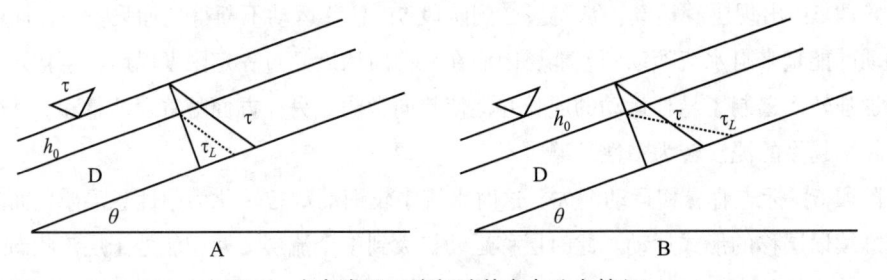

图 1　水力类泥石流起动剪应力分布特征

（2）水动力模式启动机理。水动力类泥石流是由于沟道中的泥沙主要在强大水流作用下而启动形成的泥石流。康志成等（2004）将其形成过程划分成六个阶段：泥石流开始起动→出现推移质运动→出现悬移质运动→出现中性悬浮质运动→出现层移运动→悬移质运动消失，并对每个阶段的特征进行了描述，但没有对每个阶段的动力过程进行描述。日本、中国和苏联等国家的学者对水动力类泥石流启动的动力过程进行了研究，其中代表性的研究体现在以下几个方面。

Takahashi（1978）针对日本的泥石流特性，认为坡面径流是激发泥石流运动的主要因素之一，推导了泥石流的物质补给方式及补给物起动条件。在分析了泥石流形成条件及泥石流流动过程中的发展趋势之后，Takahashi（1980）还着手研究了泥石流龙头处的漂砾积累的形成机理。

王兆印和张新玉（1989）通过对云南蒋家沟某处泥石流的录像研究发现，粗大碎屑沉积物进入水流形成泥石流主要与浑水绕流产生的拖拽力、冲击力和能量传递作用有关。另外，泥浆浆体的屈服应力对泥石流的形成及携带碎屑的能力起到重要作用。

Crena HOB 认为泥石流流量、泥石流混合物的液相成分以及固相组成的粒度成分在时间和空间上的不断变化是泥石流形成过程的重要特征，并探讨了形成泥石流的临界条件，包括高容重泥石流混合物存在的临界条件和泥石流启动的临界流量条件。相比于自然界真实的泥石流，这些描述泥石流启动临界条件或运动特征的数学方程仍然过于简单。

在溪沟中的泥沙随着水流运动的加强，它们从自启动到发展成泥石流要经历六个阶段：

阶段1：泥沙开始启动。

阶段2：出现推移质运动，泥沙颗粒在床面上滑动、滚动和跳跃式运动，运动中不断同床面接触。

阶段3：出现悬移质运动。

阶段4：出现层移运动。从阶段3到阶段4，根据流域中是否有小于0.01mm及黏土的补给区分为A和B两种不同的情况。下面先介绍有粉粒和黏土补给（情况A），这时将在阶段4出现中性悬浮质运动。

阶段5：出现层移运动。从阶段3到阶段5，悬移运动不断得到加强。一方面由于悬移运动的能量来自水流紊动的动能，因而在悬移质浓度超过一定限度以后，悬移运动的进一步加强转而遏制了悬移运动的成长并促使趋向微弱。另一方面随着含沙量和黏性阻力加大，越来越多的泥沙转为中性悬浮质。

阶段6：标志着悬移运动消失，这时水流中较细的颗粒转化为中性悬浮质，而较粗的颗粒继续以层移的形式运动。此时层移运动扩大到整个流层，两相流处于层流状态。由于层流运动直接从水流的势能中取走一部分能量，这样的流动需要较陡的比降才可出现，黏性泥石流就是这种形式的运动。

假若流域缺少像粉砂及黏性含量的情况，就是B的情况。泥沙运动转化为层移质运动，即水石流运动。水石流要求的比降比泥石流更陡，因为泥石流中的泥浆液有减阻作用。

（3）土力类泥石流启动机理。土力类泥石流起动研究多基于土坡极限平衡理论。这方面的研究适用于斜面上松散堆积体由于含水量增加、强度降低，在重力作用下失稳下移形成黏性泥流的情况。

①土体液化机理。土力类泥石流尤其是滑坡转化为泥石流，一般认为是由于不排水荷载造成的。当沟床中碎屑体内部产生不排水荷载时，造成沟床物质的液化破坏和颗粒物质碎化。美国Iverson教授认为滑坡转化为泥石流的形成过程有3个重要条件，即坡面碎屑体内部的广泛库仑破坏、高孔隙流体压力造成土体部分或全部液化以及滑坡滑动时动能转化为内部颗粒的振动能。

②非饱和土力学理论。依据非饱和土强度理论，可将降雨型泥石流的形成划分为两个阶段。

第一个阶段为非饱和固体松散物质由于含水量持续增加、基质吸力引起的抗剪强度衰失阶段。在此阶段，没有足够的水量不会发生泥石流，但有可能发生固体松散物质构成的斜坡位移变形以及斜坡稳定性降低，产生滑坡。当土体处于非饱和阶段时，由基质吸力引起抗剪强度随含水量变化呈负幂函数关系。溯源侵蚀区松散固体物质在泥石流形成之前处于非饱和状态，其抗剪强度可以表示为：

$$\tau = c' + (\sigma_f - u_a) \tan\varphi' + (u_a - u_w) \tan\varphi^b \tag{3}$$

Fredlund（1978）非饱和强度公式：

$$\tau = \frac{(u_a - u_w) r}{\left[\frac{(u_a - u_w) r}{(u_a - u_w) b}\right]^{\frac{\theta - \theta_r}{\theta_s - \theta_r}}} \tan\varphi^b \tag{4}$$

沈珠江公式：

$$\tau = \frac{(u_a - u_w) r}{\left[\frac{(u_a - u_w) r}{(u_a - u_w) b}\right]^{\frac{\theta - \theta_r}{\theta_s - \theta_r}} + d (u_a - u_w) r} \tan\varphi' \tag{5}$$

第二个阶段为饱和固体物质因含水量持续增加孔隙水压力增大、有效应力减小，发生泥石流。

$$\tau = c + (\sigma - u_w) \tan\varphi \tag{6}$$

式中：u_a 破坏是在破坏面上的孔隙气压力；u_w 破坏是在破坏面上的孔隙水压力；$(u_a - u_w) r$ 是残余含水量所对应的基质吸力；$(u_a - u_w) b$ 是土的进气值；φ' 是与法向应力有关的内摩擦角；c 是饱和固体松散物质的黏聚力；σ 是破坏面上的正应力；φ 是饱和固体松散物质的内摩擦角；φ^b 是抗剪强度随基质吸力而增加的速率。

③泥石流尖点突变模型。崔鹏强调了水分饱和度、细颗粒含量、坡度三者在转化过程中的重要作用，通过泥石流起动试验给出了泥石流起动的定义，并概括泥石流起动过程包括两个阶段——侵蚀搬运形成准泥石流体和准泥石流体起动转变为泥石流。将泥石流起动条件定义为：

$$D\theta + A_1 S_r^2 + A_1 S_r + \frac{B}{C - B_1} + F = 0 \tag{7}$$

式中：θ 为底床坡度；S_r 为土体的饱和度；C 为颗粒级配；F 为由边界条件所确定的参数。

建立泥石流起动模型：

$$\theta - 8.0062 S_r - 2.4859 S_r^2 - \frac{3.4896}{C - 0.0096} + 7.0159 = 0 \tag{8}$$

在此基础上，推导了泥石流起动条件曲面 Sc。泥石流起动模型是一种尖点突变模型，起动具有突变、渐变和中间状态 3 种路径，分别对应加速起动、缓慢起动和常速起动。

2. 水土融合机制的泥石流预报

该方法以降水入渗作用下坡面土体稳定性变化和泥石流流域尺度上的水土融合为基础，建立了降水与流域下垫面的本质联系，通过模拟水文过程，实时提取获取预报模型计算所需的关键水文参数，进而实现基于流域水土融合机制的泥石流预报。该方法以泥石流流域为基本预报单元，依据泥石流为水土混合物的这一特性，通过实时计算流域内的失稳土体与地表径流的融合后形成的水土混合物的容重，评估流域尺度上发生泥石流概率的大小，较为真实地反映了流域尺度上的泥石流形成过程。该预报方法主要分为泥石流预报单元的确定、预报降水下的水文过程模拟、预报降水作用下土体失稳量计算、地表径流量的计算、水土混合体容重的计算、泥石流发生概率评估与预警等级确定六个步骤。

（1）泥石流预报单元的确定。基于形成机理的泥石流预报要求预报单元为一个完整的流域，这里的预报单元应当是具备发生泥石流基本条件的潜势泥石流流域。潜势泥石流流域不仅包括有历史泥石流事件记录的流域，也包含无历史泥石流事件记录但具备发生泥石流基本条件的流域。

（2）预报降水下的水文过程模拟。泥石流是降水作用于下垫面后经过地表入渗和地表径流的双重作用下形成的。在第一阶段，当降水经过植被截留、入渗和蒸散发等一系列的水文过程后，土体的力学性质（例如黏结力、内摩擦角和孔隙水压力）随着降水入渗发生改变，进而导致坡面土体产生剪切破坏和失稳，同时在地表径流作用下，沟床物质的稳定性也会发生一定变化甚至失稳；第二阶段，失稳的土体与地表径流融合形成水土混合体泥石流。因此，降水作用下的水文过程贯穿了泥石流形成的全过程，但仅靠水文过程的观测无法满足泥石流预报的需求，需要通过水文过程模拟为泥石流预报提供土体含水量、孔隙水压力和径流等相关水文参数的支持。

泥石流预报模型所需的基础数据主要包括气象数据、土地利用类型、土壤类型、数字高程模拟（DEM）和植被指数等，一般通过相关部门获取。

（3）预报降水作用下土体失稳量计算。降雨作用下流域土体失稳有两种形式，一种是坡面的土体失稳，另一种是沟床物质失稳。

（4）地表径流量的计算。分析水文模型 GBHM 基于超渗产流机制，利用曼宁公式描述坡面流，实时计算降水作用下的每个网络产生的径流深度 D_r，累加后获取 t 时刻时，降水形成的径流总量 W_W：

$$W_W = \sum_{i=1}^{24} \sum_{i=1}^{N} A_i \times D_r \tag{9}$$

式中：W_W 为 t 时刻的径流总量；D_r 为网格的径流深度；A_i 为网格的面积；N 为流域内的总的网格数。

（5）水土混合体容重的计算。以水文模型计算为支撑，计算出预报降水作用下流域内的失稳土体总量和流域地表径流总量，据此计算出水土混合体的容重。事实上，哪些失稳的土体参与了泥石流并形成水土混合体是难以确定的。为此，我们假设全部的失稳土体与全部的地表径流进行融合，在此假设条件下计算水土混合体的容重。

（6）泥石流发生概率评估与预警等级确定。降水作用下形成的水土混合体容重是判断泥石流能否形成的关键，但是这个水土混合体的容重不是一个真实的值，而是在一定的假设条件下计算获得的。因此，利用该参数不能直接判断泥石流是否已经形成，只能根据该数值的大小评估泥石流发生概率的大小，从而确定泥石流发生的预警等级，对每个泥石流预报单元做出预报。

3. 泥石流动量增长机理

泥石流的侵蚀作用的表观效应即造成泥石流的规模和动量较初始阶段高出许多倍，也是导致许多防治工程损毁的主要原因。泥石流侵蚀会导致沟床中大量的松散沉积物参与形成泥石流活动，导致泥石流体的规模、能量和流速较初始阶段大很多。侵蚀过程中，泥石流与沟床沉积物将会产生距离的摩擦和碰撞。如果摩擦力保持不变，那么根据动量守恒，侵蚀沟床沉积物会降低流动的动力。但是，Iverson 等（2011）通过采用大型水槽模型试验研究了泥石流侵蚀沟床沉积物机理，发现只有饱含水的河床沉积物才会出现大的正孔隙水压力，且侵蚀量随着流体动量和速度而增加；正的孔隙水压力有助于松散沉积物被侵蚀并参与泥石流过程。根据有效应力原理，孔隙水压增大会导致颗粒间的接触应力降低，故而导致颗粒与颗粒间的摩擦应力降低。沟床沉积物在内部高孔隙水压力作用下，很容易被泥石流侵蚀、携带，并导致泥石流的速度、质量和动量增加。然而，如果沟床松散沉积物含水量较低或者干燥，则表现为泥石流的动量与含水量呈现负相关。

（二）滑坡

1. 土质边坡稳定性分析方法

（1）极限平衡法。极限平衡法是在已知滑移面上对边坡进行静力平衡计算，从而求出边坡稳定安全系数。可见，极限平衡法必须事先知道滑移面的位置与形状。对于均质土体可以通过经验或者优化的方法获得滑移面，因而十分适用于土质边坡。当滑移面为一简单平面时，静力平衡计算可采用解析法计算获得解析解。著名的库仑公式就是一例，沿用至今。当滑裂面为一圆弧、对数螺线、折线或任意曲线时，无法获得解析解，通常采用条分法求解，此时坡体为一静不定问题，通过对某些未知量作假定，使方程式的数目与未知数数目相等从而使问题成为静定，这种方法十分简便，而且计算结果能满足工程要求而被广泛应用。由于假设条件与应用的方程不同，条分法分为非严格条分法与严格条分法。在非严格条分法中，通常只满足一个平衡条件而不管另一个平衡条件，在土条的平衡中只满足力的平衡，而不满足力矩平衡；在总体平衡中只满足力的平衡或者力矩平衡。可见，非严格条分法的计算结果有一定误差。非严格条分法有两个未知数（安全系数和条间力的作用方向），但只有一个方程，因而尚需做一个假定。非严格条分法通常是假定条间力的方向，由于假定不同而形成各种方法，如瑞典法、简化 Bishop 法、简化 Janbu 法、罗厄法、Sarmar（Ⅰ）法、不平衡推力法（传递系数法）等。严格条分法满足所有的力平衡条件，它有三个未知数（安全系数、条间力作用方向和作用点）和两个方程，因而也要做一个假定。如果假定合理，其解答十分接近准确解。由于所用的假设不同，有 Morgenstern–Price 法、Spencer 法、Janbu 法、Sarma（Ⅱ）法、Sarma（Ⅱ）法和 Correia 法等。

（2）滑移线场法。滑移线场法严格满足塑性理论，但假定土体为理想塑性体，并将土体分为塑性区与刚性区。塑性区满足静力平衡条件和莫尔－库仑准则，二者结合得一组偏微分方程，采用特征线法求解。然而，严格滑移线场解是十分有限的，因而这种方法在实际应用中并不广泛。可以应用数值方法求取滑移线场的数值解，但这也只能用于稍微复杂的问题，对于复杂的问题滑移线场法常常无效，而且滑移线场法也只能用于均质土体。

（3）极限分析法。极限分析法是运用塑性力学中的上、下限定理求解边坡稳定问题。上限法也称能量法，通常需要假设一个滑裂面，并将土体分成若干块，将土体视作刚塑性体，然后构筑一个协调位移场。为此，需要假设滑裂面为对数螺线或直线，然后根据虚功原理求解滑体处于极限状态时的极限荷载或稳定安全系数。极限分析下限法的理论基础是下限定理，它在计算过程中需要构造一个合适的静力许可的应力分布，在通常情况下可用应力柱法或者应力不连续法等来求得问题的下限解，其解偏于安全，可以实用。但只有极少数情况下可以获得下限解。目前，已将其扩展为上限有限元法与下线有限元法，不需假定滑面，从而扩大了应用范围。显然这种方法也只适用于土体。

（4）有限元法及其他数值方法。有限元法适用范围广，可以采用精确的本构关系，因而具有优越性。其他数值方法如边界元法、离散元法和差分法等也有应用，但应用不广。岩土的本构模型十分复杂，但边坡稳定分析一般只要求得到应力，不要求得到位移，因而采用理想弹塑性模型计算，精度就已足够。有限元分析不能直接与稳定安全系数建立关系，只能算出应力、位移与塑性区的大小，而不能求得边坡稳定安全系数，因而这种方法没有在实际中得到广泛应用。最近提出的有限元强度折减法，通过不断降低岩土强度，使边坡处于极限平衡状态，从而建立了一种极限平衡有限元法，它可直接求出滑裂面位置与边坡稳定安全系数，使有限元法进入实用阶段，它不但可以求土坡的安全系数，还可自动求岩质边坡的滑面与稳定安全系数，开创了岩质边坡稳定分析的新路子。同时在边坡支护设计中，还可开创出考虑岩土介质与结构共同作用求支护结构内力的新方法。这种方法具有广阔的应用前景，计算准确、简便、适应性强，有可能引发岩土工程设计方法的重大改革。

（5）边（滑）坡稳定安全系数。边（滑）坡稳定安全系数的定义有多种形式，当前较为公认和应用较多的有如下三种。

① 强度贮备安全系数 F_{s1}。1952 年，毕肖普提出了著名的适用于圆弧滑动面的"简化毕肖普法"。在这一方法中，边坡稳定安全系数被定义为土坡某一滑裂面上抗剪强度指标按同一比例降低为 c/F_{s1} 和 $\tan\phi/F_{s1}$，则土体将沿着此滑裂面达到极限平衡状态，即有：$\tau = c'+\sigma\tan\varphi'$，式中 $c'= \dfrac{c}{F_{s1}}$，$\tan\varphi'= \dfrac{\tan\varphi}{F_{s1}}$。上述将强度指标的储备作为安全系数定义的方法是经过多年来的实践被国际工程界广泛承认的一种方法。这种安全系数只是降低抗滑力，而不改变下滑力。同时，用强度折减法也比较符合工程实际情况，许多边（滑）坡的发生常常是由于外界因素引起岩土体强度降低而导致土体滑坡。不过，岩土的强度参数有两个——c 与 $\tan\varphi$，却只有一个安全系数，这意味着 c 与 $\tan\varphi$ 按同一比例衰减。

② 超载储备安全系数 F_{s2}。超载储备安全系数是将荷载（主要是自重）增大 F_{s2} 倍后，坡体达到极限平衡状态，按此定义有 $1= \dfrac{\int_0^l (c+F_{s2}\sigma\tan\varphi)\ dl}{F_{s2}\int_0^l \tau dl} = \dfrac{\int_0^l \left(\dfrac{c}{F_{s2}}+\sigma\tan\varphi\right) dl}{\int_0^l \tau dl}$

$= \dfrac{\int_0^l (c'+\sigma\tan\varphi)\ dl}{\int_0^l \tau dl}$，式中 $c'= \dfrac{c}{F_{s2}}$。从上式可以看出，超载储备安全系数相当于折减黏聚力 c 值的强度储备安全系数，对无黏性土（$c=0$）采用超载储备安全系数并不能提高边坡稳定性。

③ 下滑力超载储备安全系数 F_{s3}。增大下滑力的超载法是将滑裂面上的下滑力增大 F_{s3} 倍，使边坡达到极限状态，也就是增大荷载引起下滑力项而不改变荷载引起的抗滑力项，按此定义有 $F_{s3}= \dfrac{\int_0^l (c'+\sigma\tan\varphi)\ dl}{\int_0^l \tau dl}$。上式表明，极限平衡状态时，下滑力增大 F_{s3} 倍，一般情况下也就是土体重力增大 F_{s3} 倍。而实际上重力增大不仅使下滑力增大，也会使摩擦力增大，因此下滑力超载安全系数不符合工程实际，不宜采用。

综上所述，不同的安全系数定义会引起边（滑）坡的稳定安全系数与作用在抗滑桩上推力的不同，造成边（滑）坡计算的混乱，因而必须对边（滑）坡安全系数做出统一定义。我们认为按照传统的计算方法，采用目前国际上使用的强度储备安全系数是较合理的，也符合边（滑）坡受损破坏的实际情况，所以建议一般情况下采用强度储备安全系数作为边（滑）坡稳定安全系数。

2. 岩质边坡稳定分析方法

（1）岩质边坡可能的失稳模式。岩质边坡是由众多结构面切割的岩体组成，在自然界中呈现多种失稳模式。学术界（1988）曾将岩质边坡失稳模式总结为平面、圆弧、楔体、倾倒和溃屈等多种形式。同时，也有其他各种分类方法。先简介其中比较重要的集中破坏形式。① 平面滑动：岩体中存在的结构面特别是沉积岩、变质岩种的层面通常是构成滑动的薄弱环节，沿层面发生的平面滑动是常见的一种在岩质边坡中发生的破坏形式；② 弧形滑动：在碎裂和散体结构的岩体中发生的滑坡通常与土质边坡的滑坡类型相似，基本呈圆弧形；③ 楔体滑动：在岩质边坡的失稳模式中，楔形破坏占有重要位置；而形成楔体至少应有两个结构面，也可由多个结构面组成；④ 倾倒破坏：当岩体中存在一组倾倒的陡倾角结构面（特别是层面）且其走向与边坡的走向近乎一致时，由这组结构面切割形成的岩柱有可能发生弯曲，整个边坡出现倾倒破坏现象。

综上所述，研究某一岩质边坡的稳定性，首先需要判断在特定的地质条件下可能的失稳模式，在此基础上再针对已确定的失稳模式通过数学、力学和实验分析方法，确定边坡稳定的安全系数。

（2）岩质边坡稳定分析的 Sarma 法。Sarma 法是分析岩质边坡中平面和弧面滑动的常用方法，这基于斜条分的边坡稳定极限平衡法。由于岩质边坡通常存在一组陡倾角的层面或节理，滑坡发生时岩体通常要沿此组结构面滑动，故该法更适用于岩质边坡。

3. 有限元强度折减

（1）有限元强度折减法原理

边坡稳定分析的有限元折减法是通过不断降低边坡岩土体抗剪切强度参数直至达到极限破坏状态为止，程序自动根据弹塑性有限元计算结果得到滑动破坏面，同时得到边坡的强度储备安全系数。由于这种方法十分贴近工程设计，必将使边坡稳定分析进入一个新的时代。对于莫尔 - 库仑材料，强度折减安全系数可表示为 $\tau = \dfrac{c+\sigma\tan\varphi}{\omega} = \dfrac{c}{\omega} + \sigma\dfrac{\tan\varphi}{\omega} = c' + \sigma\tan\varphi'$，所以有 $c' = \dfrac{c}{\omega}$，$\tan\varphi' = \dfrac{\tan\varphi}{\omega}$。这种强度折减安全系数的定义与边坡稳定分析的极限平衡条分法安全系数的定义是一致的，都属于强度储备安全系数。但对于实际的边坡工程，它们表示的都是整个滑面的安全系数，也就是滑面的平均安全系数，而不是某个应力点的安全系数。

有限元强度折减法在理论体系上比极限平衡法更为严格，它全面满足了静力许可、应变相容以及土体的非线性应力—应变关系，与传统极限平衡方法相比，用有限元强度折减分析边坡稳定性具有下列优点：① 求解安全系数时，不需要假定滑动面的形状和位置，也无须进行条分，而是由程序自动求出滑动面，滑动破坏自然地发生在岩土体剪切带上或塑性应变和位移突变的地方；② 能够模拟土体与各种支挡结构的共同作用，能够考虑开挖施工过程对边坡稳定性的影响，可以根据岩土介质与支挡结构的共同作用计算各种支挡结构的内力；③ 可求出各种支挡结构作用下边坡的新滑面与稳定安全系数；④ 由于采用数值分析方法，因而能够对具有复杂地貌、地质的边坡进行计算，而不受边坡几何形状、边界条件以及材料的不均匀性限制；⑤ 能够模拟边坡的渐进破坏过程，并提供应力、应变和位移与变形的全部信息。

（2）有限元中边坡整体失稳的判据。众所周知，极限平衡法是超静定问题，因而无论采用何种极限平衡方法都要做一些假定。然而，有限元强度折减法可通过计算提供的破坏判据而使计算变为静定，不作任何假定就能求得边坡的稳定安全系数。那么有限元计算中边坡整体失稳的判据究竟是什么呢？

一般认为，边坡的破坏是指岩土沿滑面（破裂面）发生滑落或坍塌。边坡一旦整体失稳，表现为整体不能继续承载，岩土体沿滑面快速滑动直至滑落、坍塌。当前，人们对边坡整体破坏的力学行为尚没有统一认识。目前，国内外多数人的做法是以有限元静力计算不收敛作为边坡整体失稳的判据。而有些人认为，如果滑面上每点都处于极限应力状态，即滑面处于极限平衡状态，那么滑体就可能沿滑面滑动而发生破坏，经典极限平衡理论中常以此作为破坏条件。不过，滑面达到极限平衡状态表征着滑面由弹性状态转入塑性状态，这只是边坡破坏的必要条件而非充分条件。即使滑动面上每点都处于极限平衡状态，但由于边界条件的约束，土体没有足够位移，仍不会发生滑动破坏。由此可见，把滑面上每点都达到极限平衡作为整体破坏条件还不够全面，塑性区从边坡坡脚到坡顶贯通并不一定意味着边坡已经整体失稳，塑性区贯通是破坏的必要条件但不是充分条件，它只表征着渐进破坏的开始。因此，边坡整体破坏不仅要看滑面上每点是否都达到极限应力状态，还要看滑面上每点的应变是否也都达到极限应变状态。

从破坏现象上看，边坡失稳，滑体滑出，滑体由稳定静止状态变为运动状态，滑面节点位移和塑性应变将产生突变，此后位移和塑性应变将以高速无限发展，这一现象符合边坡破坏的概念，因此可把滑面上节点塑性应变或位移突变作为边坡整体失稳的标志。与此同时，静力平衡有限元计算正好表现为计算不收敛，因此也可将有限元静力计算是否收敛作为边坡失稳的判据，这表明目前国际上惯用的以计算不收敛作为破坏判据是合理的。

（三）崩塌

1. 崩塌形成的一般机理

崩塌是指陡峻斜坡上的危岩体在重力作用下脱离母体的崩落现象，是高山峡谷地区普遍发育的地质灾害之一。崩塌一般发生在坚硬岩石地区的高陡边坡，其形成机制是河流切割或人工开挖形成的高陡边坡由于卸荷作用，应力重新分布后在边坡卸荷区内形成张拉张裂缝，并与其他裂隙和结构面组合逐步贯通形成危岩体，在地震或爆破震动、降水等外力触发作用下导致危岩体突然脱离母体，翻滚、坠落下来，散堆于坡脚。卸荷区内危岩崩塌一般由边坡前缘向后呈牵引式扩展。一般边坡中下部及边坡前缘地带即为卸荷裂隙扩展的牵引带。不同结构的岩体崩塌形成机制和扩展特征不尽相同。这里结合云南省高陡斜坡崩塌的发育特点和工程实例，分析水平岩层、顺向岩层、逆向岩层、块状岩体等不同结构类型边坡崩塌的形成机理与扩展特征。

2. 不同结构类型边坡崩塌的形成机理与扩展特征

（1）水平岩层（倾倒崩塌、错裂崩塌）。在边坡卸荷作用下，卸荷裂隙一般在构造裂隙的基础上继承发展，在危岩体压应力作用下，层面垂向裂隙，贯通后危岩体底部发生剪切破坏，形成崩落。崩塌区由边坡坡肩前缘向后扩展。如果危岩底部含有软弱或破碎夹层，软弱夹层的蠕变和超前风化或者危岩底剪切带发育优势结构面或裂隙面，将加速危岩体底部的剪切破坏。有的底部软弱岩层超前风化，还形成悬挑式危岩体。如果危岩底部不易被剪切破坏，危岩体在垂向裂隙中降低水压，或充填物的水平推力作用下，卸荷裂隙向深部发展的同时，危岩体逐步向外倾斜，在地震等外力作用下产生倾倒崩塌。

（2）顺向岩层（滑落崩塌）。各类岩层都经历过强烈挤压作用，构造裂隙比较发育，并且普遍发育垂直岩层面的张拉裂隙。在边坡开挖或河流切割产生的卸荷作用下，卸荷裂隙一般在层面垂向构造裂隙的基础上继承发展，危岩体沿岩层面滑落而形成崩塌。崩塌区由内边坡坡肩前缘向后扩展，直至边坡重新趋于稳定。

（3）逆向岩层（错裂崩塌）。在边坡开挖卸荷作用下，卸荷裂隙一般在构造裂隙的基础上继承发展，在危岩体压应力作用下，垂向裂隙面贯通后形成崩落。崩塌区由内边坡中下部向上、向后扩展。

（4）块状岩体。以火成岩为代表的块状岩体的特点是岩体结构均匀、强度高。内边坡开挖后卸荷裂隙一般沿岩石的结构面、节理和构造裂隙发育，如沿玄武岩的柱状节理裂隙、花岗岩的结构裂隙以及受区域构造应力作用形成的构造裂隙发育。卸荷裂隙在重力和降水入渗水压作用下由表层向深部发展，岩体强度高不容易破坏，易形成高大危岩体，产生的崩塌危害性较大。卸荷裂隙一般自坡肩前缘由外至里、由上至下扩展。

3. 崩塌防治的理论依据

陡峻边坡崩塌主要受控于节理裂隙和结构面的组合，其活跃程度取决于卸荷裂隙的扩张与卸荷裂隙区的扩展。崩塌防治的理论依据就是加固已经形成的危岩体，阻止危岩体脱落，并且阻止或减缓卸荷裂隙的扩张和卸荷裂隙区的扩展，保持边坡的相对稳定性。我们对崩塌的防治总是有目的的，因此必须对形成边坡崩塌的具体条件，如岩石结构面和各类节理裂隙面进行充分调查研究，并分析崩塌的形成机制和扩展趋势，再结合具体防治目的，才能有针对性地对边坡崩塌采取有效防治措施。

4. 周期性热能量变化引起的滑坡

岩体崩塌是一种普遍存在于陡峭地形中的山地灾害，岩石层平行节理裂隙的开张和断裂容易导致悬崖的恶化发育和崩塌危险。裂隙变形、剥落和断裂的变形对岩体本身影响尺度极其微小，特别是花岗岩的崩塌已经是几个世纪的研究课题。由侵蚀和历史应力引起的崩塌的发生机理依然是久经挑战的课题，尤其是岩石崩塌过程中对于降水、地震活动、冻融等激发条件的研究较为缺乏。

Brian D Collins 和 Greg M. Stock 等对美国加利福尼亚州的优胜美地山谷近垂直的花岗岩闪长石剥落片进行了为期 3.5 年的观察和测量，通过对岩石裂隙中包括热弯曲和热膨胀两种主要类型的循环累计变形的测量和基于傅里叶热传导的定律和卡诺循环理论的热力学计算，研究揭示了最大开裂发生在片层中心的非对称微弯曲变形，较小的开裂发生在底部，最小开裂发生在顶部附近；昼夜和季节性周期变形趋势与温度的时间变化具有显著联系，剥离层中部向外平均变形达到 8mm、最大变形达到 13mm，最大向外变形发生在下午（约 13:00 至 16:00），最大向内变形发生在上午（约 7:00 到 9:00）；变形对日照强度有响应，在日照强度峰值时扩大；绝对湿度（纠正掉温度影响的湿度）和片层变形之间的相关性很小，等等。

（四）"根—土"固坡机理

1. 植物根系固土机理研究

针对根系本身而言，近些年越来越多的学者开始关注根系的描述指标，以根系的抗拉强度作为衡量根系固土效果的因素一直是学者们的研究对象。根系的活性在很大程度上决定着根系的各组分含量，而根系各组分含量的比值可以在很大程度上反映根系抗拉强度的强弱。有学者将根系整体作为研究对象，从根系的分枝形式、根系在土壤中的开张角度和根系的整体构型出发来研究植物根系的固土效能。也有研究者试图针对植物的树龄或者土壤发育的程度等分析植物根系的特性。但是对于整个边坡而言，这一指标并不好获取，同时试验也发现该指标对植物根系本身影响较小。国内对于根系特征的探究主要是从区域和物种的角度出发，多研究单一物种根系，研究方法还处于模仿阶段。

在林木根系固土理论方面，Wu（1976）和 Waldron（1977）等假设植物的根为弹性材料且其主根垂直穿过剪切层并产生抵抗该层面的滑动，推导出第一个根系力学平衡理论公式，同时推导出根土复合体的剪切强度随土壤内根的密度或者根的横截面积增大而增大。从此，根系具有固土能力的观念及理论依据逐渐被接受并得到发展。20 世纪 80 年代，Wu 等（1988）提出根系对土壤的稳固效果可从胶结关系、根系抗拉、土体抗剪等方面开展试验研究。随后的研究者通过开展针对性研究，把根系固土力学机制的研究推上了一个新的高度。

2. 植物对坡体稳定性的作用机理

植物对于边坡稳定性的加固作用主要由植物的根系决定。大量研究表明，植物根系通过增强土体的抗剪强度提高土坡的稳定性；而植物的地上部分影响植物根系加固边坡的效果，植物较重的茎通过根系将荷载传递到边坡上，而较大树冠将风荷载传递到边坡，乔木、灌木和草本的根系结构与地上部存在很大差异，这导致不同植物类型对边坡的加固效果不同。Coppin 和 Richards（1990）的试验证明随着边坡上植物数量的增加，边坡的稳定性也会增加。同时，Gray 和 Sotir（1996）也证明了在工程措施的基础上搭配植物固坡措施，固坡的效果将更加有效。但现阶段的研究停留在将植物根系作用结合入边坡稳定性的评价中，并没有将植物地上部分的差异影响耦合到边坡稳定性中。因此,探讨寻找可以定量描述植物地上部分的差异以及根结构差异对植物根系加固边坡稳定性的影响是未来的研究重点。

3. 数值模拟在植被边坡稳定性分析中的应用

随着计算机科学的发展,数值模拟的新型研究手段应运而生。对于植物边坡稳定性的数值模拟,目前的主流软件基本都是从土木工程软件以及结构工程软件演化而来,数值模拟的最大区别在于其应用的理论模型中根土的相互作用机制不同,其中最常见的为纤维束模型、3-D 模型、有限元分析法和计算机演算法。纤维束模型、3-D 模型等主要用于研究根系固土的效果,而有限元分析法等主要用于计算坡体的稳定性,却一直没有较好的方式去评估植物整体对土质边坡的稳定性作用,没有建立起耦合植物作用的固坡模型来对坡体稳定性进行研究。

国内学者在这方面的研究还不太深入,数值模拟多是作为其研究的辅助验证,例如在摩擦型根土黏合键破坏模型中,利用软件实现摩擦型根土黏合键能够提供的最大牵引阻力的定量估算;在三轴压缩试验中结合有限元模拟法,研究根土复合体的应力应变传递变化。因此,如何将影响边坡稳定性的因子参数化并系统地利用数值模拟的方法对根结构特征、植物种类的差异以及植物空间配置方式对土质坡面稳定性的影响进行研究仍需进一步探索。

4. 植物空间配置对坡体稳定性的影响

植物措施固坡已经普遍应用于河岸边坡的防护中,已经被证实可以显著减小河岸边坡的水流侵蚀和河流扩张。由于环境的多样性和复杂性,如何定量研究不同植物类型、不同植物种植位置对边坡稳定性的影响,是植被稳固坡体应用中的重点和难点。在运用植物措施固坡的工程中,综合考虑乔木、灌木和草本根系和地上部分自重对边坡的稳固作用,不仅能够使坡体的稳定性达到安全,而且可以改造坡面景观、减少工程量。在基于植物根系特性和运用数值模型模拟的基础上,对边坡的植物配置方式进行优化,将对人工土质边坡稳定性起到至关重要的作用。

三、技术研究进展

(一) 多层次不同时空尺度的滑坡泥石流预测预报体系

根据目前泥石流形成的研究以及降水监测、预报的技术水平和不同级别的泥石流减灾需求,建立了不同时空尺度的泥石流预报体系。该预报体系由大区域滑坡泥石流预报、中小区域的泥石流预报和给定灾害点的滑坡泥石流预报构成。大区域滑坡泥石流预报的时间尺度为 12 ~ 24h,中小区域的滑坡泥石流预报的时间尺度为 1 ~ 3h,给定灾害点的滑坡泥石流预报时间尺度为 0.5 ~ 1h。大区域滑坡泥石流灾害预报的预报降水获取方法为数值天气预报模式和气象卫星,中小区域泥石流滑坡预报的预报降水获取方法为多普勒天气雷达,给定灾害点的滑坡和泥石流预报的预报降水和监测降水的获取方法为降水实时监测和多普勒天气雷达。三者分别服务于省级、地市级和县级灾害预报。这三种不同空间尺度和时间尺度的滑坡泥石流灾害预报方法可提供不同时空精度的灾害预报结果，满足不同尺度的滑坡泥石流减灾决策需求。

（二）滑坡防治技术

（1）排水工程。治滑先治水。设计滑坡防治工程时，采用截水沟从滑坡体周围进入滑坡体的地表水，通过地下排水方式排泄滑坡体周围进入滑坡体的地下水及滑坡体区域内的大气降水入渗滑坡体的地下水。

（2）削方减载。拟定滑坡治理方案，条件适宜时尽可能采用削方减载。削方减载的条件包括：① 第一滑坡属于推移式滑坡；② 第二滑坡体中后部地表无道路、市政管网、居民聚集区；③ 第三滑坡体附近（含滑坡体嵌补）有足够的弃渣堆弃场。

（3）坡角回填反压。运用岩土体反压滑坡中前部增大滑坡抗滑力。在滑坡中前部无房屋、道路及市政管网等基础设施，地形平坦，岩土填料易于获取等条件下，优先选用坡脚回填反压治理滑坡。条件适宜时，回填反压应与滑坡削方减载方案共同使用。

（4）悬臂抗滑桩。对于中小型滑坡，滑坡推力较小，设计治理工程方案时可采用悬臂抗滑桩。悬臂抗滑桩属于悬臂梁构件，由悬臂段（自由段）和嵌固段组成。

（5）锚索抗滑桩。对于大型、特大型尤其是岩体滑坡，滑坡推力较大，拟订治理工程方案时可采用锚索抗滑桩。锚索抗滑桩由钢筋混凝土抗滑桩和锚索组成，锚索布设在桩顶以下 1.0 ~ 1.5cm 处，抗滑推力较大时可布设多排锚索。

（6）锚索框架。对于大型及特大型滑坡，可采用锚索框架予以防治。锚索框架又称锚索格构，有锚索和钢筋混凝土格构组成。

（7）钉帽复合抗滑结构。滑坡规模较大且滑坡体物质松散时，可采用钉 – 锚复合抗滑结构进行滑坡治理。钉 – 锚复合抗滑结构由锚杆、锚索和格构三部分组成。锚杆的作用在于增强表层滑坡体的整体性，锚索则将滑坡推力传递到滑坡体下部稳定岩体内，格构的作用主要是将锚杆、锚索组成空间整体受力体系。

（三）泥石流防治技术

（1）拦挡结构。泥石流拦挡结构是防治泥石流灾害的一种主要工程措施，是修建在泥石流沟内的一种横向拦挡建筑物，主要起拦泥石流固体物质的作用，但不拦泥石流浆体，有泄洪、拦渣、调节、固床、稳坡和控制固体物质补给量与防止沟道下切及沟壑发展的功效。泥石流的拦挡结构按结构型式可以分为重力式拦挡坝、格栅坝和组合式坝；按其几何形态可分为平面型和立体型；按受力状况可以分为刚性坝和柔性坝。

（2）排导结构。排导沟通常由"八"字形的汇流槽和弧形或 V 形的速流槽组成。根据排导结构横穿公路的方式，可将排导结构分为底越式排导结构和顶越式排导结构。底越式排导结构是指排导结构从公路路面结构以下以涵洞或桥孔的形式穿越，而顶越式结构是指排导结构从公路顶部以渡槽的形式穿越。

（3）防护结构。山区公路多沿河分布，路基失稳破坏频率高，路基破坏主要因河流冲刷路基以及山区泥石流冲击磨蚀路基造成，尤其是凹岸路基破坏最为严重，要引起足够的重视。路基的防治措施按其结构和作用可分为两种形式：一是直接防护，用抗冲材料直接覆盖在凹岸路基边坡上，以抵抗水流的淘刷而引起的崩塌，如抛石、石笼防护、护岸结构；二是间接防护，如丁坝，通过在凹岸布设丁坝或丁坝群来改变水流性质、减轻水流对路基的作用。

（四）崩塌防治技术

1. 主动防治技术

对危岩单体进行工程治理以避免其失稳的技术类型被定义为主动防治技术，包括支撑、锚固、灌浆、排水及清除等技术类型。

（1）支撑技术。当危岩体下部具有一定范围向内凹陷的岩腔、岩腔底部为承载力较高且稳定性好的中风化基岩、危岩体中心位于岩腔中心线内侧时，宜采用支撑技术进行危岩处理。支撑技术主要适用于坠落式危岩、倾倒式危岩及基座具有岩腔的滑塌式危岩在保证抗清性能的条件下也可采用。

（2）锚固技术。锚固技术是指采用普通（预应力）锚杆、锚索、锚钉进行危岩治理的技术类型，包括预应力锚杆、非预应力锚杆、自钻式预应力锚杆及预应力锚索。对于规模较大、裂隙较宽的倾斜式危岩体，宜采用预应力锚索锚固；对于完整性较差的危岩体，宜采用格构锚杆锚固。

（3）填充及嵌补技术。当危岩体顶部存在大量较显著的裂缝或危岩体体底部出现比较明显的凹腔等缺陷时，宜采用填充技术进行防治。

（4）灌浆技术。危岩体中破裂面较多、岩体比较破碎时，为了增强危岩体的整体性，宜进行有压灌浆处理。

（5）排水技术。滑坡式危岩和倾倒式危岩的稳定性主要受控于裂隙水压力。排水技术包括危岩体周围的地表截水、排水和危岩体内部排水。

（6）清除技术。在危岩体下放地表坡度比较平缓（20°以内）、具有 0.5 ~ 1.0 倍陡崖高度的地形平台且平台上无重要建筑物及居民居住，或危岩体下方具有有效防御措施条件下，宜采用清除处理。

2. 被动防治技术

（1）拦石墙。陡崖或山坡上危岩数量多、存在勘察遗漏或治理难度大时以及对危害对象（居民、构建建筑、道路、厂矿企业等）存在威胁的地段，当自然坡度小于35°并存在一定宽度的地表平台时，宜设置拦石墙。

（2）拦石网及拦石栅栏。当陡崖或山坡坡度大于35°且缺乏一定宽度的平台而不具备建造拦石墙时，可采用拦石网及拦石栅栏。

（3）森林防护。当陡崖或山坡坡脚不存在或危岩威胁不太严重时，可以通过植树造林防治危岩崩塌。

3. 主动—被动联合防治技术

一个具体的危岩防治工程包括数个乃至数百个危岩单体。由于目前我国危岩勘查水平不高，可能存在危岩单体边界条件勘查不太明确的问题，危岩单体之间可能存在漏勘危岩。对于一个具体的危岩单体，尚具有多种危岩类型共生的符合特性。因此，在危岩崩塌防治工程中存在主动—被动联合防治的问题。主动—被动联合防治技术主要包括锚固—拦挡联合技术和锚固—支撑联合技术两类。

（五）数字流域平台与智能手机网络相结合的山洪预警系统

山洪预警系统采用群测群防思想和分布式水文模型相结合的预警方法，系统主要由云服务端和用户客户端组成，并主要通过手机移动网络传输数据。云服务端主要提供数据采集、数据管理、水文模拟、预警处理等功能，数据采集功能主要由天气预报抓取、历史降雨数据抓取和用户降雨数据收集等模块实现；数据管理功能主要基于降雨数据库、水文数据库和用户与地理、社交关系数据库等实现；水文模拟功能由分布式水文模型的并行计算实现；预警处理功能由预警级别判定和预警信息推送两个模块实现；用户客户端主要由降雨信息上报、预警信息接收显示和社交网络等功能模块组成。

在提出的预警方法中，用户通过智能手机直接上报降雨量估计值，实现群测；系统将预警信息通过智能手机推送给用户，实现群防。该方法通过智能手机实现了预警系统与用户的直接互动，缩减了信息传递的路径和耗时。系统的水文模型采用清华大学开发的数字流域模型。数字流域模型是一个基于数字河网的分布式水文模型，模型的基本单元是河段及其对应的坡面。河段以二叉树河网编码索引，并通过编码直接表达河段间的连接关系和河网结构。在此基础上，数字流域模型实现了动态并行计算，可大幅提高计算速度，为提出的预警方法提供效率上的支持。产汇流模拟采用数字流域模型中集成的高山峡谷模型，适用于四川山区流域。数字流域模型在云服务器端采用面向服务的架构封装，按需运行，快速求解降雨洪水过程。

四、重大应用成果

（一）湖北秭归链子崖崩塌

通过对500多年来链子崖危岩体变形破坏历史和现今监测数据的研究，得出危岩体的失稳模式以崩塌和倾倒为主，具有"多米诺骨牌"现象。也就是说，危岩体在近东西向裂缝和缓倾软层的控制下，沿着长江边和东部临空面发生崩塌和倾倒，并逐渐向后扩展，但至今仍未观测到沿煤层（R001 层）的滑动现象。链子崖煤层顶板具有连续性，在水马门危岩体处埋深约 40m，并一直延伸到峡谷底部，不具备沿 R001 软层滑移的临空条件。它与湖北盐池河崩滑和乌江鸡冠岭崩滑明显不同，后两者的采空区露出地表，具有临空剪出滑移的条件，但是煤层由于采空产生的以下沉为主的变形加剧了上部岩体的失稳。因此，控制水马门危岩体的失稳，使链子崖危岩体稳定性大大提高，避免后部危岩体的进一步失稳，是防治工程的关键。

经多方案对比，确定了预应力锚固方案，即以预应力锚索对危岩体主体加固，对"一万方"表层进行喷网和短锚加固，对 R203 软层外表进行喷锚网处理，对 T12 缝进行回填等辅助工程相结合的方案，改善岩体结构及应力特性。在抗滑上，通过对 R203 软层的预应力锚固，提高其抗滑力。在抗倾倒上，通过对 T13、T11 缝的锚固，使"一万方"和水马门乃至后部岩体联成一体，降低其重心以达到增加抗倾力矩的效果。同时迫使岩体改变形变方向，由向临空面 NNW—NNE 方向改变为沿真倾角 N40° W 方向位移，充分发挥核桃背山体的支撑能力。

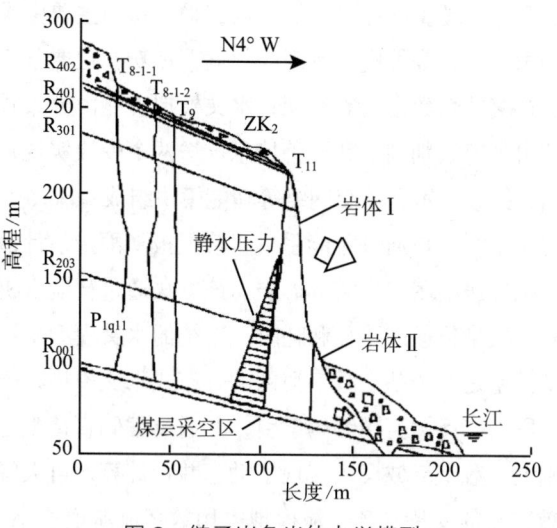

图 2　链子崖危岩体力学模型

链子崖危岩体预应力锚固工程于 1995 年 8 月开工、1997 年 8 月竣工，历时两年。施工大致分为 3 个阶段：①前期准备，主要完成施工中临时设施水、电、气路的架设、机械设备材料的进场；②辅助工程和周边工程，包括排架基础平整、85m 高排架搭设、T12 缝回填、危岩体表壁喷锚网、R203 软层加固、危岩体顶部清理及加固；③主体工程施工，完成了"五万方"危岩体主体工程 151 束预应力锚索施工。经过几年的监测，预应力锚固工程达到了预期目的。1993—1995 年，水马门危岩体位移方向为 NNE—NWW，年位移量达 1.2 ~ 4.3mm/a，年下沉量 0.7 ~ 0.9mm/a。1995 年，危岩体下的煤层采空区实施了承重阻滑键工程。1997 年 8 月，预应力锚固工程竣工，危岩体基本上停止了持续 20 余年的向临空方向（N）的变形，转变为朝相反方向即朝 SSW—SSE 方向山体内侧的收缩变形。1996 年位移量 1.2 ~ 5.7mm，1997 年位移量 6.0 ~ 10.0mm，1998 年位移仍保持这一方向，但位移量减小。同时，锚索测力计自安装之日起，张力均为负增长，3 个水平孔多点位移计分别穿过 T13、T11 和 T15 缝。1997 年以前，相对变形速率每月最大值为 0.4mm；1997 年 9 月以后，每月最大值仅为 0.04mm。1998 年，三峡库区遭遇了长达 50 多天的高水位和暴雨袭击，但是链子崖危岩体稳定性并未发生明显变化，反映了治理工程发挥了预期效果。

链子崖危岩体防治工程因其条件复杂和施工难度大而受到国内外的普遍关注，是应用地质工程理论和方法成功进行复杂灾害地质体防治的范例。

（二）泥石流（汶川地震灾区文家沟）

文家沟泥石流之始作俑者为"5·12"汶川强烈地震，当时产生的泥石流方量高达 8000 万方。2010 年 8 月 13 日，该地区发生 227 毫米的强降雨，再次引发泥石流，洪水挟裹 450 万方泥石从 400 多米的高差上以强大势能轰然而下，清平乡两层以下楼房几乎全被湮没，绵远河数十千米的河床被直接抬升了十米以上。要治理这样一个规模巨大的泥石流，无论是设计还是施工都不敢轻举妄动。最终研究确定了"水石分治、固底护坡、拦挡停淤、监测维护"的治理方案。

在上游，修筑了两座拦挡坝、沉砂池，主要用途是拦截物源、"掌管"雨水。而在两大拦挡坝、沉砂池旁就地取材，利用原有物源修建了"柔性"护坝，其作用则是应对泥石流的正面冲击，"以柔克刚、削减势能"，这种以土坝阻挡泥石流式的"见招拆招"在泥石流治理上堪称创新发明的"奇招绝活"。在第二道沉砂池下面修建的底格栅栏以及旁边开挖的引水隧道乃是"水石分治"的灵魂工程。按照设计，沉砂池所收集"掌管"的雨水将通过三道底格直接进入 400 多米长的隧道，从另外一条山沟里"安然下泄"，而石块杂物则停留在底格栅栏之上，实现"石往高处走""水从旁路出"各行其道，从而达到将泥石流爆发的三大因素中的"两大因素"各个击破的目的。在底格栅栏之下是长达两千米的钢筋石笼排导槽，7000 多吨钢筋加上 16 万多方石块为文家沟泥石流穿上了厚厚的"铁甲"，针对 400 米的高差，钢筋石笼排导槽设置了 26 个梯度，而梯度的高低完全依据方向和拐点进行精确计算。即便有较大规模的泥石流从其上呼啸而过，到了下游其势能和规模都将大大减弱。为了确保万无一失，在文家沟泥石流的下游还修建了两座梳齿坝，两把巨大的钢筋水泥"梳子"既可阻挡大块泥石流物源，又可让水流从梳齿间下泄，这是对上游水石分治工程的一个强化。

参考文献

［1］ Graf WL. Fluvial Adjustments to the Spread of Tamarisk in the Colorado Plateau Region［J］. Geological Society of America Bulletin, 1978, 89（10）: 1491.

［2］ Andrews ED. Bed-material Entrainment and Hydraulic Geometry of Gravel-bed Rivers in Colorado［J］. Geological Society of America Bulletin, 1984, 95（3）: 371-378.

［3］ Hey RD, Thorne CR. Stable Channels with Mobile Gravel Beds［J］. Journal of Hydraulic Engineering, 1986, 112（8）: 671-689.

［4］ Jewell RA, Wroth CP. Direct Shear Tests on Reinforced Sand［J］. Géotechnique, 1987, 37（1）: 53-68.

［5］ Swanston DN, Lienkaemper GW, Mersereau RC, et al. Timber Harvest and Progressive Deformation of Slopes in Southwestern Oregon［J］. Environmental & Engineering Geoscience, 1988, 25（3）: 371-381.

［6］ Wu TH, Mcomber RM, Erb RT, et al. Study of Soil - Root Interaction［J］. Journal of Geotechnical Engineering, 1998, 114（12）: 1351-1375.

［7］ Robinson DA, Gardner CMK, Cooper JD. Measurement of Relative Permittivity in Sandy Soils using tdr, Capacitance and Theta probes: comparison, including the effects of bulk soil electrical conductivity［J］. Journal of Hydrology, 1999, 223（3-4）: 198-211.

［8］ Schmidt KM, Roering JJ, Stock JD, et al. The Variability of Root Cohesion as an Influence on Shallow Landslide［J］. Canadian Geotechnical Journal, 2001, 38（5）: 995-1024.

［9］ Gran K, Paola C. Riparian Vegetation Controls on Braided Stream Dynamics［J］. Water Resources Research, 2001, 37（12）: 3275-3283.

［10］ Greenwood JR. Slip4ex—a program for routine slope stability analysis to include the effects of vegetation, reinforcement and hydrological changes［J］. Geotechnical & Geological Engineering, 2006, 24（3）: 449-465.

［11］ Docker BB, Hubble TCT. Quantifying Root-Reinforcement of River Bank Soils by Four Australian Tree Species［J］. Geomorphology, 2008, 100（3—4）: 401-418.

［12］ Lin DG, Huang BS, Lin SH. 3-d Numerical Investigations into the Shear Strength of the Soil-root System of Makino Bamboo and Its Effect on Slope Stability［J］. Ecological Engineering, 2010, 36（8）: 992-1006.

［13］ Schwarz M, Cohen D, Or D. Root - soil Mechanical Interactions during Pullout and Failure of Root Bundles［J］. Journal of Geophysical Research Atmospheres, 2010, 115（F4）: 701-719.

［14］ Schwarz M, Lehmann PD. Quantifying Lateral Root Reinforcement in Steep Slopes - from a bundle of roots to tree stands［J］. Earth Surface Processes and Landforms, 2010, 35（3）: 354-367.

［15］ Schwarz M, Preti F, Giadrossich F, et al. Quantifying the Role of Vegetation in Slope Stability: a case study in tuscany（Italy）［J］. Ecological Engineering, 2010, 36（3）: 285-291.

［16］ Mickovski SB, Stokes A, Beek RV, et al. Simulation of Direct Shear Tests on Rooted and Non-rooted Soil using Finite Element Analysis［J］. Ecological Engineering, 2011, 37（10）: 1523-1532.

［17］ Ghestem M, Sidle RC, Stokes A. The Influence of Plant Root Systems on Subsurface Flow: implications for slope stability［J］. Bioscience, 2011, 61（11）: 869-879.

［18］ Abdullah MN, Osman N, Ali FH. Soil-root Shear Strength Properties of Some Slope Plants［J］. Sains Malaysiana, 2011, 40（10）: 1065-1073.

［19］ Casagli N, Rinaldi M, Gargini A, et al. Pore Water Pressure and Streambank Stability: results from a monitoring site on the sieve river, Italy［J］. Earth Surface Processes & Landforms, 2015, 24（12）: 1095-1114.

［20］ 唐邦兴, 杜榕桓, 康志成, 等. 我国泥石流研究［J］. 地理学报, 1980, 35（3）: 259-264.

［21］吴积善. 试论泥石流浆体的静切力［J］. 泥沙研究，1981（4）：40–51.

［22］康志成. 我国泥石流流速研究与计算方法［J］. 山地学报，1987，5（4）：247–259.

［23］王姚印，张新玉. 水流冲刷沉积物生成泥石流的条件及运动规律的试验研究［J］. 地理学报，1989（3）：291–301.

［24］朱清科，陈丽华，张东升，等. 贡嘎山森林生态系统根系固土力学机制研究［J］. 北京林业大学学报，2002，24（4）：64–67.

［25］崔鹏. 泥石流起动条件及机理的实验研究［J］. 科学通报，1991，36（21）：1650–1652.

［26］唐晓春. 泥石流防治模式初探［J］. 水土保持学报，1991（4）：8–17.

［27］唐晓春. 泥石流防治系统及其模式的初步研究［J］. 水土保持学报，1991（1）：80–83.

［28］吴积善. 山地研究的进展与方向［J］. 地理学报，1994（s1）：660–668.

［29］杜榕桓，李鸿琏. 三十年来的中国泥石流研究［J］. 自然灾害学报，1995，4（1）：64–73.

［30］唐晓春. 中国西南山区的泥石流防治及展望［J］. 海洋地质与第四纪地质，1995（3）：105–112.

［31］周跃，徐强，骆华松，等. 乔木侧根对土体的斜向牵引效应 I 原理和数学模型［J］. 山地学报，1999，17（1）：4–9.

［32］周跃，徐强，骆华松，等. 乔木侧根对土体的斜向牵引效应 II 野外直测［J］. 山地学报，1999，17（1）：10–15.

［33］周跃. 植被与侵蚀控制：坡面生态工程基本原理探索［J］. 应用生态学报，2000，11（2）：297–300.

［34］唐晓春，刘会平，孙东怀，等. 流域泥石流防治的生态效益评估模型研究［J］. 中国地质灾害与防治学报，2000，11（2），86–88.

［35］耿智慧. 密云县泥石流灾害及其防治措施［J］. 北京水务，2001（6）：34–35.

［36］唐晓春，刘会平，唐川. 云南省泥石流防治模式研究［J］. 自然灾害学报，2001，10（4）：94–99.

［37］陈精日，刘立秋. Nj-2a 泥石流地声报警器研制与应用［J］. 山地学报，2001，19（5）：452–455.

［38］周跃，张军，林锦屏，等. 西南地区松属侧根的强度特征对其防护林固土护坡作用的影响［J］. 生态学杂志，2002，21（6）：1–4.

［39］徐永年，曹文洪，周新福，等. 山洪灾害特性及其防治对策［J］. 中国水利水电科学研究院学报，2004，2（2）：115–119.

［40］李朝安，魏鸿. 西南地区泥石流灾害及防灾预警［J］. 中国地质灾害与防治学报，2004，15（3）：34–37.

［41］张超波，陈丽华，刘秀萍. 林木根系黄土复合体的非线性有限元分析［J］. 北京林业大学学报，2008（s2）：221–227.

［42］李云鹏，王云琦，王玉杰，等. 重庆缙云山不同林地土壤剪切破坏特性及影响因素研究［J］. 土壤通报，2013，44（5）：1074–1080.

［43］蒋坤云，陈丽华，盖小刚，等. 华北护坡阔叶树种根系抗拉性能与其微观结构的关系［J］. 农业工程学报，2013，29（3）：115–123.

［44］朱锦奇，王云琦，王玉杰，等. 基于试验与模型的根系增强抗剪强度分析［J］. 岩土力学，2014（2）：449–458.

［45］李云鹏，张会兰，王玉杰，等. 针叶与阔叶树根系对土壤抗剪强度及坡体稳定性的影响［J］. 水土保持通报，2014，34（1）：40–45.

撰稿人：王玉杰　王云琦　马　超　杨文涛　王　彬

林业生态工程

一、引言

新中国成立以来，各级林业部门大力加强林业科学研究体系和林业科研管理机构的建设，保证了各项国家林业科学技术研究计划的顺利实施，推进了林业科学技术的发展。广大科技科研人员深入实际，围绕林业生态工程建设中的热点、难点以及关键技术问题广泛开展基础理论、应用科学和应用技术研究，为我国生态恢复提供了关键理论和技术基础。在森林与环境关系的研究方面取得明显成效和重大突破，主要在不同类型防护林体系建设、体系优化模式、综合效益评价、立地分类、类型分类、林分结构和不同防护林建设技术、营造技术、困难立地造林和体系综合配套技术等方面取得了重大成果。林业生态工程自"七五"期间得到国家重视一直至今，作为实现绿水青山的关键和坚实的理论与技术基础。

二、理论研究进展

我国的林业生态工程理论主要在流域经济型防护林体系建设基本理论、防护林模式优化、防护林综合效益评价理论基础、防护林立地分类和困难立地造林等方面取得了重大进展。

在生态经济型防护林体系建设的基本理论方面，构建了流域生态经济防护林林分动态模式，揭示了半干旱河谷山地系统干旱化、贫瘠化的发展演化方向，营林区域光照与营养空间限制是造林的主要障碍因子。摸清了流域内各种土地类型的土壤侵蚀类型、现状、潜在危险性及时空分布规律，揭示了植被、坡度、造林整地方式、耕作方式等与水土流失的关系。揭示了主要造林树种的抗盐和抗旱性和其根系分布特征，为树种选择和合理配置提供了理论依据。建立了不同立地类型组合平均木树高与年龄方程。摸清了林地的土壤水分动态变化规律及宜林地植物的动态变化规律。

在防护林模式优化研究方面，提出了防沙林带阻积沙量、阻积沙形成的沙丘高度和宽度不仅与林带结构有关，还与构成林带特征的高度、宽度、疏透度、树种组成以及影响沙丘成因的沙源丰富与否6个参数有关。提出不同林分覆盖度与林内临界起沙风速值之间关系的预测数学模型。将农田防护林经营生命周期划分为3个生长发育阶段——幼龄期、中龄期、成熟期，是实现林带科学经营的基础。提出侧方附加林带更新和半带更新是最佳的更新方式、其次是隔带更新、最差的是全面更新，是攻克"三北"地区农田防护林结构调控、林网改造和林带更新的主要理论依据。对抗逆性和生长指标差异显著的植物材料进行了分子水平上的抗逆机理研究，为抗逆良种早期筛选及栽培技术措施提供了重要的理论依据。发现了干旱、盐诱导表达蛋白分子标记和盐胁迫相关基因，并从胡杨和藜科植物中克隆了抗盐相关基因部分片段。

在建立防护林综合效益评价理论基础研究方面，对土壤侵蚀的潜在危险性给出了科学定义，并作出川江流域土壤侵蚀现在危险性分区。揭示了农田林带（网）地区能量层的变化和垂直湍流动量、热量及水汽输送等规律；提出了该地区近地面层的温度、湿度和风速的廓线特征；弄清了土壤含水率的变化、防风蚀效应及减少大气降尘效应。得出了晋西黄土区不同流域清水河流域降雨时空分布规律、不同地类土壤入渗方程、平均土壤水分入渗能力曲线；提出了该区适宜的主要造林树种及次生林主要树种的林冠截留模型。研究小流域不同生境植被结构的动态演变，解释了小流域自然植被恢复及演替规律。

在防护林林地分类与评价理论基础研究方面，建立符合不同区域的立地分类系统。建立综合评价式体系，用于总体规划、生态经济型防护林设计及环境治理。在沿海宜林区，提出影响林网防风效果的主要因素是林带高度、疏透度和副林带长度。

在防护林林分结构理论研究方面，探明了主要森林类型的林分结构规律、降雨截留量、地表径流量、泥沙含量和土壤渗透等功能间的相互关系。把沙漠化特点划分为轻度、中度、强度和极强度4类。摸清了影响黄土区小流域水土流失的主要因子及其时空分异规律、林地土壤水分年际和年内各月供需特征、侵蚀沟侵蚀特征及植被恢复功能等，首次提出"适度造林"的概念。形成了黄土区恢复生态学理论，提出了植被地带分布、景观、盖度、径流集水、保水剂等有关理论原则、解决途径和方法；指出现有人工林由于过密形成土壤干层。探明了以黄土区农林复合系统中农作物与林果间对土壤水分和养分的吸收与竞争利用关系。

在不同类型防护林体系困难立地造林理论研究方面，提出了优良的林农、林果、林牧、林药立体结构模式，阐明了绿洲内与荒漠对照区的主要气象要素和地下水位动态变化以及植被和土壤微生物区系及其对人工生态系统新绿洲的反馈作用。在流域和沿海区，摸清了重盐碱地段土壤的水盐运动及植被演替规律，以改土为核心提高造林成活率、保存率、林木生长量，增加土壤肥力；探明了主要造林树种的水分需求、降水资源环境容量和防护林养分及物质能量循环。

三、技术研究进展

在理论发展的基础上，我国在林业生态工程技术及应用方面取得重大进展，主要体现在防护林体系建设和模式优化技术、防护林综合效益评价、防护林立地分类和评价、防护林类型分类和林分结构模式优化技术、防护林营造技术、困难立地造林技术和防护林体系综合配套技术等方面。

（一）防护林体系建设进展

不同类型的防护林体系建设方面在流域生态经济型防护林、小流域水土保持林、农田林网区生态经济型防护林、石灰岩区生态林业工程模式、花岗岩片麻岩去生态林业工程模式等方面取得巨大进展。

在岷江上游半干旱山地生态经济型防护林体系建设研究方面，揭示了半干旱河谷山地系统干旱化、贫瘠化的发展演化方向，指出营林区域光照与营养空间限制是造林的主要障碍因子；并在此基础上，选出适宜在该地区栽植的树木和植物有侧柏（*Platycladus orientalis*（L.）Franco）、油松（*Pinus tabuliformis* Carrière）、连香树（*Cercidiphyllum japonicum* Sieb.Et Zucc.）、辽东栎（*Quercus wutaishansea* Mary）、刺槐（*Robinia pseudoacacia* L）、红三叶（*Trifolium pratense*）和多年生黑麦（*Secale cereale*）等。设计配置了15个生态经济型防护林林分结构模式，选出了"油松（华山松）+香树（漆树）+现有灌丛植物+药用薯蓣""油松+连香树（红豆杉）+现有灌草植物"等6个有发展前景的动态模式类型。

在小流域水土保持林体系布局结构方面，四川省林业科学研究院以清水河小流域农林复合经济系统为研究对象，摸清了流域内各种土地类型的土壤侵蚀类型、现状、潜在危险性及时空分布规律；对流域的土地利用结构和林种结构进行了优化，增加了防护林用地面积，减少用材林面积。在防护林体系中，以防护为主要经营目的的林种面积应占80%以上，为提高防护林体系的经济效益，防护林中有90%的面积需要确定第二经营目标，以发挥森林的多种功能。水土保持林体系的布局应遵循因地制宜、因害设防的原则。

在黄土高原昕水河流域生态经济型防护林体系建设模式研究方面，利用智能决策支持系统，对昕水河流域的土地利用结构进行优化控制，提高经济林比例，提出了昕水河流域生态经济型防护林体系的优化配置模式。编制昕水河流域3个类型区26种土地类型的土地利用方式及林种水平配置表。提出昕水河流域主要经济林高产、高效、优质栽培技术，如旱作果园丰产栽培技术、低产核桃园增产技术、仁用杏引种与丰产栽培技术、黄河干旱河谷枣树丰产栽培技术。

在东北农田林网区生态经济型防护林体系建设模式方面，采用"以松改杨"、小网窄带设计技术，解决了杨树带占地多、胁地重的实际问题，提高了总体防护功能。改大网格为小网格，解决了防护林更新优化过程中如何保持持续稳定效益的难题；采用"以松改杨"、林粮间作、以耕代抚配套技术措施，对杨树低价林进行更新改造，既改善了树种结构、调整了林种布局、减少了投入，又增加了近期效益；在人工林下的环境资源开发利用上，做到林、草、药、果、料、菌相结合，创造出一地多用、多层次利用的资源开发模式。

在南疆荒漠绿洲生态经济型防护林体系方面，提出了绿洲外围培育固阻沙棘草带—绿洲边缘营造防风防沙基础林带—绿洲内部营造护田林网—林网内实行能量复合经营—绿洲边缘的薪炭养畜林和绿洲内部的小片经济林、居民点绿化等相结合的生物治理模式。提出在绿洲内部的林网条田内实行农林复合经营，以形成多物种、多层次的立体复合群体。在抗旱节水造林上，提出了成本低、易操作的抗旱龙浸根 + 铺膜抗旱节水造林技术。

在太行山石灰岩区生态林业工程模式研究方面，提出了 8 个乔、灌、药、草等植物构成的水土保持林、灌木水土保持林模式。在中山区，提出了乔灌林地类型的油松 + 灌木水土保持用材林和灌木水土保持林类型 + 连翘水土保持经济灌木林两个水土保持林模式。针对发展山地经济林，提出了隔坡复式梯田山地经济林经营模式，复式梯田之间的间距可利用隔坡地段产生的径流富足土壤梯田的土壤水分，又可增加修筑主体梯田的土壤来源。

在太行山花岗片麻岩区生态林业工程模式研究方面，确定了用材林模式优化评价指标，并筛选出华北落叶松（*Larix principis-rupprechtii* Mayr）和胡枝子（*Lespedeza bicolor* Turcz）、青杨（*Populus cathayana* Rehd）、油松混交林的用材林优化模式，确定了该地区水源涵养林优化模式及集约栽培技术。在太行山低山丘陵区，建立了各类生态经济型立体林业结构模式，筛选出适宜不同立地条件且生长快、效益高的植物材料及适生树种；在栽培技术方面，选择出爆破整地和地膜覆盖造林技术。

（二）防护林模式优化研究进展

在不同类型的防护林体系模式优化方面，在防风固沙林体系、农田防护林体系、沙区土地利用的生态经济型防护林等方面取得重大研究进展。

在防风固沙林体系优化模式方面，中国林业科学研究院在沙源丰富地区针对不同结构和类型的防风固沙林提出优化配置类型，提出窄带多带式、带片结合、林草结合单带和固沙片林等 9 种防风固沙模式，同时还提出适宜优化模式林的树种、草种，如梭梭（*Haloxylon ammodendron*（*C.A.Mey.*）Bunge）、沙拐枣（*Calligonum mongolicum*）、羊柴（*Hedysarum laeve Maxim in Bull.Act.Acad.Sci peteish*）、沙枣（*Elaeagnus angustifolia Linn.*）、新疆杨（*Populus alba var.pyramidalis* Bunge）和骆驼刺（*Alhagi sparsifolia* Shap）等 12 种。

在农田防护林优化及现有防护林更新改造方面，东北林业大学在东北西部根据作物产量、质量和生态效益的良好程度数值来评价现有林网规格，一般风害区 350 ~ 400m 间距，风沙严重危害地区以 300 ~ 350m 为宜；林带防护效益与林木生长量及行效应指数达到最佳状态时的林带行数以 3 ~ 4 行、行距 3m 为适宜；确定了农防林主要 8 个杨树树种和樟子松与红皮云杉（*Picea koraiensis* Nakai）的成熟龄和伐期龄，并提出一套较完整的樟子松和杨树营造技术。

在"三北"地区农田防护林永续利用和更新方式方面，中国科学院沈阳应用生态研究所证实了林带疏透度在 0.25 ~ 0.35 为最适结构状态，建立了林带合理结构调控技术体系，可直接指导林带间伐抚育和修枝等生产实践。以树高生长的速度和木材材性成熟度确定初始防护成熟龄及其相应年龄，建立了依据初始防护成熟、工艺成熟和数量成熟而综合确定农田防护林各树种更新龄的新方法。

在沙区土地利用及生态经济型防护林体系的优化结构方面，模拟了适合毛乌素沙地各区的基础产业结构及产业部门结构，预测了各业的发展趋势。同时，按立地提出防风固沙林结构配置优化类型 21 个、农田防护林模式 20 个、用材林 8 个、水域防护林 9 个、护路林 11 个、护牧林 1 个。

在木麻黄防护林更新改造技术与林地持续利用研究方面，提出在木麻黄主林带前沿用抗风无性系造林、林带下用湿地松补植、林带后贫瘠沙地用湿地松或木麻黄优良无性系造林的更新改造配套技术。

在三北地区现有防护林持续经营与低产、低质、低效林早期诊断及更新改造技术方面，首次建立了国内外至今尚未实现的植物抗逆性定量指标评价技术，筛选出生长量超过三北地区当地对照材料 15% 以上的优良抗逆材料；建立了刺槐、柽柳（*Tamarix chinensis* Lour）和胡杨（*Populus euphratica*）等植物的组织培养和悬浮培养细胞组织培养再生体系，并攻克了以下关键技术：① 初选抗逆性遗传材料的早期表现型遗传测定和复选技术；② 确定优良抗逆植物材料的评价生理指标，建立可靠的定量测试技术体系；③ 攻克优良遗传材料的抗逆性机理及测定技术，制定遗传材料逆境反应规范；④ 攻克刺槐抗逆性的蛋白分析技术，自主发掘和克隆了抗逆性关联基因片段并进行了基因测序。

（三）防护林综合效益评价研究进展

在不同类型的防护林综合效益评价方面，在半干旱风沙草原区防护林体系、流域防护林体系、三北防护林体系区域等方面取得巨大进展。

在半干旱风沙草原区防护林体系综合效益方面，东北林业大学、中国科学院沈阳应用生态研究所在东北西部内蒙古东部防护林地区，开展了从单一林网内多因子综合效益的研究到大面积防护林体系的宏观总体效益研究。通过全方位综合气象效益场和温湿综合效益参数，准确估算了林网的气候资源贡献值。

在长江上游防护林体系建设生态环境和社会经济条件研究与评价方面，中国科学院成都山地灾害与环境研究所、水利部对影响防护林体系建设的综合环境背景特征进行深入分析，首次提出利用水源涵养指数和 α–P 关系法评价森林水文效益的新方法，对川江流域森林水文效益作出了定量评价并编制了森林水源涵养现状分区图；首次采用对应分析（R–Q 型因子载荷分析）和星座图法。

在长江中上游典型流域防护林体系与水土流失、水文动态效益信息管理系统方面，开发和建立了长江中上游典型流域防护林体系与水土流失、水文动态效益信息管理系统。该系统由属性数据库子系统、图形数据库管理子系统、数字地形模型、模型库和防护林水文生态效益评价预测库等构成。提出了适用于长江中上游地区典型流域防护林与水土流失、水文生态效益的评价方法和评价指标体系以及其效益评价和预测预报的数学模型及主要参数。

在长江中上游不同类型区生态经济型防护林体系建设前后生态经济效益研究方面，提出在金沙江区，以云南松—胡颓子（*Elaeagnus pungens* Thunb）、华山松（*Pinus armandii Franch*）—水冬瓜复层林最佳；在乌江区，以马尾松—杉木、马尾松（*Pinus massoniana* Lamb）—枫香以及杉木—桦木、桦木—灌丛林最好；在岷江上游高山峡谷地带，以油松—灌丛、冷杉（*Abies fabri*（Mast.）Craib）、云杉—箭竹（*Fargesia spathacea Franch*）、灌丛林较优；在四川盆地及低山丘陵区，以桤柏混交林、松栎混交林、栎柏混交林较好；在鄂西山地，以柏林—马尾松、马尾松—灌草为优；在湘中丘陵区，松—茶混交林比马尾松纯林优良。

在三北防护林体系区域性生态效益评价技术研究方面，构建了可以定量估算不同结构类型动力效应定量指标的防护林体系区域性防风效应评价模型。初步提出了区域性防护林体系生态效益评价方案、区域性防护林体系生态经济效益评价方案，构建了乌兰布和沙区区域性防护林体系的气候生态效益评估模型和生态经济效益评估模型。此外，还建立了三北防护林体系不同类型区生态效益信息管理系统及其评价指标体系和预估模型。

（四）防护林立地分类与评价研究进展

在不同类型的防护林立地分类与评价方面，在长江上游水源林水保林、沿海防护林等方面取得巨大进展。

在长江上游水源林水保林立地分类与评价方面，四川省林业勘察设计研究院以立地分类与评价为中心，提出 92 个造林典型设计，主要树种评价、经营预测系数表适用于防护林与用材林。

在沿海基岩海岸宜林地立地类型划分与评价方面，确定了基岩海岸防护林体系建设中适地适树的主要限制因子，筛选出影响树种生长的主导因子，建立了符合基岩海岸实际的立地分类系统，进行了多用途立地质量评价；并根据立地类型的数量、面积和质量，提出了与立地类型相适应的造林营林技术措施。提出了海埂林带宜实行刺槐、杉木（*Cunninghamia lanceolata*（Lamb.）Hook）、水杉（*Metasequoia glyptostroboides* Hu & W.C.Cheng）和柳杉（*Cryptomeria fortunei Hooibrenk ex* Otto et Dietr）混交的建议；通过对各种现有林网的防护效能进行测定，得出了杨树林网防风效果最优，水杉林网次之，苦楝（*Melia azedarach*）、刺槐、槊、桃等林网较差的结论。

（五）防护林类型分类研究进展

在不同类型的防护林类型分类方面，在护岸护堤防护林、流域防护林等体系取得了显著发展。

在长江中上游护岸护堤林发展潜力、优良类型与功能作用研究方面，结合护岸护堤林建设的必要性及其有利与不利条件分析以及沿江带河流地貌、水文过程特点与造林立地分类，编制了河流地貌类型、物质组成分布和河流类型等图件（1∶10万）；编绘了不同江段不同洪水频率水位线分析图，为护岸护堤林营建提供了科学依据。提出确定沿江带护岸护堤林建设的土地面积，首先必须解决河谷带造林的上限和下限以及不同江段适宜的林带宽度。采用模糊相似选择法对现有树（草）进行选择，提出了适宜于不同江段的树（草）种类。

在长江中上游防护林林种划分系统与林种辨识标准研究方面，提出了适合于长江中上游防护林体系建设工程县林种划分的原则、依据及划分系统。划出了"生态型防护林"与"生态经济型防护林"亚级，较好地解决了长江中上游防护林建设中"人多地少""人地矛盾突出"的问题。系统规范了各林种"内涵""防护作用要求""划分条件与标准"和"经营原则"，提出了适用于"山丘区"和"河源区"防护林体系建设的模式。

（六）防护林林分结构研究进展

在不同类型的防护林林分结构研究方面，在金沙江流域防护林、植被动态监测、黄土区防护林体系、黄土区农林复合体系等方面取得显著发展。

在金沙江流域防护林优良林分结构模式研究方面，提出了金沙江流域区域优良林分结构类型及其适宜条件，同时提出确定优良林分结构的指标，并筛选出不同类型地区的优良结构林分模式11个。提出运用各层次功能互补规律，通过调整林分结构，可在不降低林分防护功能的前提下提高上层林木的利用率。

在三北防护林地区植被动态监测系统方面，提交了一套可重复使用的遥感和计算机自动分类和动态监测的系统方法，并给出了说明。其内容包括选取信息源、几何校正、辐射与地形校正、多时相及多季相数据复随被指数提取、分区分层自动分类、专家判译系统、数据库及图库的建立、数据库更新系列技术。

在黄土区防护林体系高效空间配置与稳定林分结构设计技术方面，提出如下实用技术：① 黄土区以小流域为单元，多林种、多树种、因地制宜、因害设防、异龄复层、适度造林的防护林体系高效空间配置技术；② 黄土区防护林稳定林分结构设计与调控技术；③ 防护林体系规划设计与调控技术；④ 防护林体系水土保持功能持续提高评价技术；⑤ 黄土区防护林抗旱整地工程与造林技术。

在黄土区高效农林复合可持续经营的结构配置与调控技术方面，取得以下关键技术：① 黄土区农林复合系统分类技术；② 黄土区塬面、坡面农林复合系统可持续经营的结构配置技术；③ 黄土区集流贮水与节水补灌系统的规划与设计技术；④ 黄土区坡面果农复合系统集流贮水、节水补灌、覆盖保墒与配方施肥等水肥调控技术；⑤ 区域农林复合系统宏观调控技术。

在防护林体系高效空间配置及稳定林分结构设计与调控技术研究方面，提出了通过控制侵蚀沟减少黄河泥沙量的关键技术、固沟拦沙滤水型侵蚀沟道水土保持林生物工程体系建设技术措施和在沿海地区不同类型海岸带基干林带的区域空间配置和林带结构设计技术。

在黄河、长江等流域林业生态工程建设方面，取得以下成果：① 不同类型区水土保持林体系布局、林种配置及树种选择和复层结构优化模式营建技术；② 不同类型区坡面乔灌草相结合的护坡生物工程技术；③ 侵蚀沟固沟拦沙滤水生物工程防护林体系建设技术；④ 海岸基干林带高效空间配置及稳定林分结构构建与调控技术；⑤ 调水净水型水源保护林体系的空间配置及结构设计技术；⑥ 库区防护林体系高效空间配置及稳定林分结构设计技术和库区防护林保护植被定向恢复技术。

（七）防护林体系建设和营造技术研究进展

在不同类型的防护林体系建设和营造技术方面，在山区水土保持林、"三北"防护林、流域水源和水保林、流域生态经济型防护林、草牧场防护林、干旱半干旱区防护林、农田防护林、海岸带农林复合系统、水库区防护林系统等方面取得广泛进展。

在太行山低山区水土保持林营造技术方面，提出了营造隔坡行（乔木树种）带（天然植被）混交模式，从而形成人工（乔木）—天然（草灌木）复合植被类型；提出了侧柏大苗带土雨季造林技术系列和阔叶树秋季造林的技术系列。

在"三北"防护林营造技术方面，提出了半干旱风沙草原区和干旱草原荒漠、半荒漠地区的立地分类系统，并绘制了相应的立地图件。为评价立地质量，编制了立地指数、立地质量数量化表。研究了径流造林、造林地覆盖技术和果树苗期凋萎系数。提出了农田防护林抚育标准和方式、防护林主要树种的防护成熟龄和更新龄以及不同条件下的 4 种更新方式。提出了梭梭林以人工促进天然恢复为主，结合桩萌更新技术和人工雪面撒播配套的更新复壮技术；胡杨以引洪灌溉促进更新复壮等较为先进可行的技术。确定了农田防护林树种杨树、樟子松（*Pinus sylvestris var.mongolica Litv*）、红皮云杉（*Picea koraiensis*

Nakai）的成熟龄和伐期龄。

在"三北"现有防护林合理经营与改造技术方面，取得以下成果：① 提出并成功建立了大面积杨树与其他树种按 6∶4 组成的混交型农田林网模式；② 首次模拟构建了以经济效益代表农田防护林总效益的经营模型；③ 采用带状皆伐方式对大面积乡土杨树营造衰弱低质固沙林的改造技术；④ 建立了界定防护成熟龄和更新龄的量化方法，并分别确定了 3 大林种代表性树种小钻杨（*Populus X*）、刺槐、樟子松等 9 个树种的防护成熟龄和更新龄。

在长江上游水源林、水保林营造技术方面，从小流域—县—全流域三个不同层次提出了防护林建设的合理农林结构、林种结构和防护林布局以及防护林分类依据系统，划分二、三级林种 51 个并提出其相应的配套技术。提出了以自然属性为依据、以生态学理论为基础的自然生态立地分类方法。绘制了 1∶50 万立地图，编制了 51 个防护林种 186 个典型造林设计和水源林水保林的密度管理图和最佳的密度收获预测表；提出 156 个防护林林分结构模式。

在太行山造林绿化技术方面，在编立地图方法上首次把卫片引进立地图的绘制并解决了信息提取问题。为提高造林成活率，用容器苗上山造林。在旱地造林方面，提出采取大鱼鳞坑、宽水平阶、二次整地等多种整地方法，接纳坡面径流入坑，提高蓄水量，并采用地膜覆盖和苗木周围压石块以减少土壤水分蒸发。根据不同自然条件，提出石灰岩中山容器苗抗旱造林技术系列、石灰岩低山丘陵侧柏（*Platycladus orientalis*（L.）Franco）抗旱造林技术系列、片麻岩低山丘陵区刺槐（*Robinia pseudoacacia* Linn.）抗旱造林技术系列、爆破整地抗旱造林技术系列、侧柏大苗带土（坨、袋）造林技术系列。

在云贵高原东部乌江流域生态经济型防护林体系建设技术研究方面，在对乌江流域81 个植被—土壤系统类型进行蓄水保土功能综合评价并进行排序的基础上，提出了生态经济型防护林优化模式，并组建了能满足乌江流域土石山分布广、面积大、造林难度大及陡坡耕地水土流失严重等特点要求的、行之有效的营造防护林组装配套技术。通过小流域防护林体系三层监测，对防护林营建前后的生态经济效益进行分析与评价。同时，根据乌江流域地质、地貌、土壤、植被和水文状况，结合小流域实验区的观察值，提出了乌江流域防护林体系生态经济效益评价指标。

在四川盆地嘉陵江、涪江、沱江流域生态经济防护林体系建设技术研究方面，提出了生态经济型防护林体系建设的技术体系。通过对各林种在空间（水平和垂直）配置上的研究，提出了生态经济型防护林体系林种空间配置技术；通过对 32 个供试林分结构模式进行评价，提出了 18 个优良林分结构模式及其营建技术。根据四川盆地区域差异特点，在低山区，提出了协调林牧关系的"一坡三带"或"一坡两带"生态经济型防护林体系配置模式、林业措施和工程措施相结合的沟蚀治理模式以及严重侵蚀坡面治理模式和营建技术；在丘陵区，提出了林带配置技术和农林复合系统模式营建技术。

在鄂西山地长江上干流生态经济型防护林体系建设技术研究方面，按立地条件类型，提出了适区域、适结构、适布局的生态经济型防护林体系及配置技术。对照立地条件类型，提出了适地、适树、适类型的现有防护林优良林分结构模式。组建了马尾松（*Pinus massoniana* Lamb）—豆腐柴（Premna microphylla Turcz）、马尾松（*Pinus massoniana* Lamb）—山茱萸（*Cornus officinalis* Sieb.et Zucc.）—丹参（*Salvia miltiorrhiza* Bunge）、柏木（*Cupressus funebris* Endl.）（*Cupressus funebris* Endl.）—牧草、柑橘（Citrus reticulata Blanco.）—绞股蓝（*Gynostemma pentaphyllum*（Thunb.）Makino）、板栗（*Castanea mollissima* BL.）—农作物和马尾松（*Pinus massoniana* Lamb）—枫香（*Liquidambar formosana* Hance）—杉木（*Cunninghamia lanceolata*（Lamb.）Hook.）6 个优良林分模式。在坡耕地上，建立了板栗（*Castanea mollissima* BL.）—农作物橘—农作物—金荞麦（*Fagopyrum dibotrys*（D.Don）Hara）埂（以营造生物埂）、脐橙（Citrus sinensis Osbeck）—农作物—金荞麦（*Fagopyrum dibotrys*（D.Don）Hara）埂（以饲料植物金荞麦（*Fagopyrum dibotrys*（D.Don）Hara）生物埂）、农作物—茶（*Camellia sinensis*（L.）O.Kuntze）埂、农作物—金荞麦（*Fagopyrum dibotrys*（D.Don）Hara）埂、茶叶—金荞麦（*Fagopyrum dibotrys*（D.Don）Hara）埂、马尾松—黄姜（*Dioscorea zingiberensis*）等 8 个模式。

在草牧场防护林营建技术研究方面，建立了草牧场防护林模式，包括优化网带式草牧场防护林、绿伞式草牧场防护林、疏林式草牧场防护林、片林式草牧场防护林。在半干旱风沙草原区，摸索出了既可保护植被不遭受破坏、造林成本降低，又能提高造林成活率和保存率的开沟整地造林技术。同时，提出了生根粉、保湿剂、稀土和生物肥料在造林中的应用技术以及樟子松（*Pinus sylvestris* L.var.*mongholica* Litv.）大苗移植技术。在干旱半荒漠草原区，探索出了行之有效的石田法造林技术、抗蒸腾剂浸根造林及叶面喷洒造林技术。

在干旱半干旱地区防护林建设与水分平衡技术方面，取得以下成果：① 将林地水分平衡的研究从定性分析水平提高到定量分析水平；② 提出了 3 个类型区防护林的布置格局、合理密度和适宜覆盖度；③ 揭示了主要造林树种水分平衡各分量的比例关系；④ 模拟出林地含水量对区域沙面蒸散耗水量的相关关系式；⑤ 数值模拟了土壤—植被—大气连续体蒸散过程。

在辽河三角洲农田防护林建设技术开发方面，提出了以植物群落定性指标为主和土壤盐碱定量指标为辅的判定造林地类型的技术方法，组装了近海滩涂防护林体系建设配套技术。根据生态学原理，判定滨海滩涂造林的立地类型，摸清了改良盐碱土和工程建设的有效措施，筛选出适合重、中、轻盐碱土的优良树种柽柳（*Tamarix chinensis* Lour.）、绒毛白蜡（*Fraxinus velutina* Torr）、沙枣（*Elaeagnus angustifolia* Linn.）、沙棘（*Hippophae rhamnoides* Linn.）、旱地柳（*Salix matsudana* Koidz.）和刺槐（*Robinia pseudoacacia* Linn.）6 种。

在长江中上游现有防护林经营技术研究方面，提出了长江中上游防护林体系的林种划分和辨识系统以及适合于长江中上游长江防护林工程县的林种划分原则、依据及划分系统。提出了山丘区、河源区长江中上游防护林体系建设模式。提出了长江中上游马尾松（*Pinus massoniana* Lamb）、柏木（*Cupressus funebris* Endl.）水土保持林经营技术，编制并研究了马尾松和柏木（*Cupressus funebris Endl.*）的二元生物量。提出了马尾松、柏木水土保持林的 8 个经营模式，即蕨类马尾松林、绞股蓝马尾松（*Pinus massoniana* Lamb）林、马桑（*Coriaria nepalensis Wall.*）胡枝子马尾松林、枫香马尾松混交林、栲类马尾松混交林、木荷马尾松混交林、栎类马尾松混交林、大头茶马尾松混交林。解决了丘陵农区农林复合型防护林经营技术，划分了 5 个经营类型组、20 个经营类型及与之相适应的主要经营技术措施。提出了农林复合型防护林经营技术规范，主要涉及丘陵农区"片林农田水平复合经营型防护林"的经营类型、经营密度、抚育间伐、林分改造、混交类型及采伐更新等技术措施。提出了长江中上游低效防护林改造技术，将三江流域现有低效防护林划分为 4 个类型组、9 个类型亚组和 23 个类型。提出了低效防护林的改造技术，其中云南松（*Pinus yunnanensis*）低效防护林的改造技术是在林冠下补植冲天柏（*Cupressus duclouxiana* Hichel）和直杆蓝桉（*Eucalyptus globula* subsp.maidenii）等树种，将其诱导成针阔混交林；油桐（*Vernicia fordii*（Hemsl.）Airy Shaw）低效防护林的改造技术是与农作物间种，如间种油菜（*Brassica napus* L.）豌豆（*Pisum sativum* Linn）等，以增加土壤覆盖，减少水土流失。

在长江中上游防护林经营利用技术方面，提出了防护林体系林种、树种结构优化技术，建立了以土壤侵蚀量最小为规划目标的防护林需求、粮食需求、经济产值等 10 个约束方程，得到了农林结构和林种结构优化方案；提出了林分结构和树种结构的指标和参数，防护林林分郁闭度 0.5 ~ 0.7，针阔混交比 4.6 ~ 6.4；提出了 3 条小流域防护林体系林种（含防护林亚种）结构优化配置方案和树种优选系列；提出了 4 种防护林类型的密度调控技术、抚育间伐技术和修枝技术，建立了 8 种优良的杜仲（*Eucommia ulmoides* Oliver）+ 药材经营模式。提出防护林多效利用的集约经营技术，提出了 6 种优良模式的适宜立地条件、林分结构、林下植物栽培方式、栽培密度、施肥量等集约经营技术；提出了马桑（*Coriaria nepalensis* Wall.）水土保持薪炭林、水土保持饲料林、水土保持肥料林和刺槐（*Robinia pseudoacacia* Linn.）水土保持薪炭林、水土保持饲料林的适宜立地类型、林分密度、伐薪或采叶起始期、间隔期等经营技术；提出了柏木（*Cupressus funebris* Endl.）防护林林副产品加工利用途径技术。

在三峡库区防护林体系营建技术方面，提出了三峡库区防护林体系建设途径、三峡库区防护林营造林技术及三峡库区现有防护林可持续经营技术。攻克了三峡库区立地类型划分及其应用技术，多功能、多用途植物材料选择及应用技术以及三峡库区水库消落带林分配置技术。

在农地防护林体系高效可持续复合经营技术研究方面，提出了山区农地防护林配置类型及优化筛选模式、高效农地防护林的时空配置技术、复合配置高效可持续经营栽培技术和农牧场防护林高效复合配置可持续经营栽培技术。

（八）防护林体系困难立地造林研究进展

在不同类型的防护林体系困难立地造林方面，在岩溶石质和盐碱地等立地条件方面取得飞跃进展。

在乌江流域岩溶石质（喀斯特）山地人工造林、植被恢复配套技术研究方面，提出了喀斯特山区人工造林和植被恢复的组装配套技术。凡泥灰岩组、泥质岩组地段，原则上应以人工造林为主；凡纯灰岩组、纯白云岩组，坡度 <250，岩石裸露率 <40% 的连续土、半连续土地段，应以人工造林为主；坡度 >250、岩石裸露率 >40% 的零星土地段，有种源条件的应以自然恢复为主。

在乌兰布和荒漠沙地新开发绿洲生态经济型防护林体系建设模式技术方面，提出了不同立地条件下优良树种选择和科学搭配的造林、营林配套技术；优良的林农、林果、林牧、林药立体结构模式；指出生态经济型防护林体系稳定高效的模式为绿洲外围封沙育草带或固沙乔灌片林—绿洲边缘营造防风阻沙林带—防风阻沙林带内侧农田防护林网。提出困难立地造林绿化、工程绿化和人工促进天然更新等生态系统恢复技术，如长江流域干旱干热河谷、石灰岩山地、低湿盐碱地、海岸风口生态系统恢复技术和黄河流域干旱、盐碱地、海岸风沙地、废弃地工程绿化技术。

（九）防护林体系综合配套技术研究进展

在不同类型的防护林体系综合配套技术方面，在黄土丘陵区防护林、水源保护林、农林复合系统、退化草牧场防护林体系、山地防护林、沿海防护林等方面取得全面进展。

在西北黄土丘陵沟壑区防护林体系综合配套技术方面，提出了防护林体系的配置模式与营造技术，使试区林木生长量提高 18% ~ 25%、森林覆盖率由 28% 提高到 39%、环境容量提高 10.7%、土壤侵蚀模数减少 30%；提出了不同地形部位的树种配置模式，实现了多数种造林目标。筛选出适宜黄土丘陵沟壑区混交模式，如小叶杨（*Populus simonii* Carr）+ 沙棘（*Hippophae rhamnoides* Linn.）、杨树（*Populus* L.）+ 紫穗槐（*Amorpha fruticosa* Linn.）、杨树（*Populus* L.）+ 刺槐（*Robinia pseudoacacia* Linn.）、油松（*Pinus tabulaeformis* Carr.）+ 沙棘（*Hippophae rhamnoides* Linn.）、侧柏（*Platycladus orientalis* (L.) Franco）+ 沙棘（*Hippophae rhamnoides* Linn.）、旱柳（*Salix matsudana* Koidz.）+ 沙棘（*Hippophae rhamnoides* Linn.）、旱柳（*Salix matsudana* Koidz.）+ 紫穗槐（Amorpha

fruticosa Linn.）等混交模式。提出了适于黄土丘陵沟壑区的复合农林业经营模式，如枣（*Ziziphus jujuba* Mill.）—粮间作、林果—穿龙薯蓣（*Dioscorea nipponica* Makino）、林果—香豆子（*Trigonella foenum-graecum*）、林果—苗木、林果—蔬菜等。揭示出保水剂与渗水膜联合使用能显著提高抗旱保墒率。

在陕西安塞县黄土丘陵沟壑区，提出了黄土丘陵沟壑区多林种、多树种、多层次、农林镶嵌的防护林体系配置模式，提出了保水剂与渗水膜配合使用的抗旱保墒技术。解决了黄土丘陵沟壑区防护林体系适宜优良植物种（乔、灌、草）及新优经济林品种的选择与栽培；防护林体系林种树种与林农复合经营配置；提高成活与生长的抗旱栽培技术措施；产业结构调整优化途径；提高土地承载力的途径与措施。

在水源保护林培育、经营、管理与效益监测评价综合配套技术方面，提出了华北土石山区水源保护林建设调控技术；提高水源保护林的水土保持、水源涵养、水质改善功能的体系配置、低耗水林分结构调整技术；水源保护区低污染经济林基地建设配套技术；水源保护林理水、减沙与改善水质监测评价技术。在应用技术研究方面，系统研究了节水型水源保护林培育技术、高效空间配置与优化设计技术、低污染经济林经营管理技术、植被定向恢复与经营技术、生态功能监测评价技术、水源保护林调控与管理技术，并将系列技术有机组装配套、综合集成，形成水源保护林培育、经营、管理、效益监测评价综合配套技术体系。同时取得以下关键技术——节水型水源保护林培育技术，水源保护林高效空间配置与优化结构设计技术，水源保护区低污染经济林经营管理技术，水源保护区天然植被人工定向恢复与水源保护林经营技术模式，水源保护林生态功能监测与评价技术，水源保护林调控与管理技术。

在吉林省西部平原沙丘区复合农林业综合配套技术方面，提出沙丘改造综合配套技术，提出了适用于春季、雨季造林且大幅度提高樟子松（*Pinus sylvestris* L.var.*mongholica* Litv.）等针叶树种造林成活率、保存率的"容器覆土越冬法"等综合配套技术。提出5种复合农林业经营模式——林粮复合经营、果农复合经营、林草复合经营、林药复合经营和多功能农田防护林带。提出耐干旱树种及经济植物品种引进技术、用GIS进行县级复合农林业系统分类分区及调控技术。

在辽西低山缓丘区复合农林业综合配套技术方面，提出了农林复合系统分类技术、农林复合经营模式配置技术、苗木栽植技术、护岸林营造技术、新物种引进技术、辽西低山缓丘区复合农林业调控和管理技术。

在黑龙江西部平原缓丘农区复合农林业综合配套技术方面，提出复合农林业系统持续高效稳定经营技术，通过采取以松改杨、小网窄带、切根贴膜综合配套技术，有效减轻了杨树（*Populus* L.）林带的负效应。提出短期农林业复合配套技术、低山丘陵区水土保持林配置技术、护堤护岸林营造技术，通过采用容器造林技术和改春季造林为雨季造林方法，使造林成活率达到90%以上。提出适合黑龙江西部地区的杨树（*Populus L.*）病虫害综合管理技术。

在退化草牧场防护林体系营建综合配套技术方面，提出退化草牧场防护林体系综合配置技术，实行"带、网、疏、片"乔灌草相结合的形式进行草牧场防护林配置。同时提出退化草牧场抗旱保墒整地技术、四季造林配套技术、栗钙土钙积层深松爆破技术、菌根生物技术、造林树种选择及引种驯化技术。

在湘南丘陵区防护林体系建设综合配套技术方面，提出了一个县的防护林体系结构优化与林种、树种、林分结构调整方案，建立了衡阳县长江防护林体系林种、树种、林分结构优化的数学模型。提出了防蚀保土型农林复合经营的防蚀保土技术，并选出适合于湘南丘陵第四纪红土红壤缓坡梯土耕地的经济林幼林—油菜（*Brassica napus* L.）、花生（*Arachis hypogaea* Linn.）套种复合模式。提出了香椿生物保土型埂栽培技术、防蚀保土型农林复合模式内气候资源及其利用技术以及防护林抚育保土技术。

在云贵高原西部山地防护林体系建设综合配套技术方面，提出防护林体系结构调整和优化配置技术、金沙江流域防护林体系建设树种选择及配置技术、山地防护林持续稳定技术、山地侵蚀沟综合治理技术、防护型薪炭林的恢复与重建技术以及金沙江流域造林困难地带生态恢复与重建技术。

在沿海泥质海岸防护林体系综合配套技术方面，提出泥质海岸防护林抗盐碱造林树种选择技术和北方泥质海岸中、重盐碱地整地降盐技术；通过泥质海岸防护林体系树种配置及林分结构研究，提出了以杨、蜡、榆与豆科及非豆科固氮树种刺槐（*Robinia pseudoacacia* Linn.）、紫穗槐 *Amorpha fruticosa*）、沙棘（*Hippophae rhamnoides* L.）等树种混交模式，建立树种多样性、结构多样性、效益多样性的稳定森林生态系统，并提出了以公路、基干林带为骨架的大网格和以枣树—灌木为中心的小网格主态经济型防护林体系。

在沿海沙质海岸防护林体系综合配套技术方面，提出了沙质海岸防护林体系的抗风沙强的乔木、灌木、草木植物选择和基干林带树种配置、林分结构优化模式，近海沙滩灌草带配置、风蚀地造林技术，提高林地肥力、促进沙质海岸防护林持续稳定生长技术等。提出了一套以基干林带为主体的包括近海沙滩灌草带在内的由乔灌草相结合的具有生态稳定和生物多样性的多树种、多层次、配置合理的防护林体系和增强海岸防护林体系的自我调控能力综合配套技术；提出设防风屏障、客土造林、大苗深栽、根标覆盖、施用高分子吸水剂等"风蚀地"配套造林技术；提出施用有机肥、根际复草、绿肥压青等技术能显著提高沙岸防护林地土壤肥力。

在沿海岩质海岸防护林体系综合配套技术方面，开展树种选择，筛选出杜英（*Elaeocarpus decipiens* Hemsl.）等8个适宜于岩质海岸防护林建设的造林树种，将特优经济林树种杨梅（*Myrica rubra*（Lour.）S.et Zucc.）和二次结实板栗（*Castanea mollissima* BL.）等引入沿海岩质海岸防护林体系。开发出了岩质海岸防护林树种选择决策系统（软件）。提出临海一面坡空间配置技术，山顶布设湿地松（*Pinus elliottii* Engelm.）、晚松等抗干旱耐瘠薄的先锋树种；主山脊布设木荷（*Schima superba* Gardn.et Champ.）等生物防火树种；山腰布设枫香、木荷（*Schima superba* Gardn.et Champ.）、杜英（*Elaeocarpus decipiens* Hemsl.）、南酸枣等兼具用材和风景等多用途防护树种；山坳避风处及部分立地条件较好的山中部非迎风面坡段布设二次结实板栗（*Castanea mollissima BL.*）、杨梅（*Myrica rubra*（*Lour.*）S.et Zucc.）、玉环长柿、胡柚等名特优经济林树种。同时在林下套种黑麦草；山脚所在的海岸线前沿布设化香等灌木植物，后缘则布设湿地松（*Pinus elliottii* Engelm.）、香椿（*Toona sinensis*（A.Juss.）Roem.）、火炬松（*Pinus taeda* L.）等较耐盐树种，形成多树种多林种对位配置、多层次点线面合理布局的岩质海岸防护林体系空间配置格局。

在太行山低山丘陵区农林业综合配套技术方面，根据太行山低山丘陵区的气候、地貌、地形、植被等特点，将试验示范区划分为3个复合农林业功能区，即上部为山地水土保持林（林草牧复合经营区），在此区域主要为乔、灌、草结合；沟凹区实行林果化和林草牧相结合的立体复合经营模式和复合生物地埂工程；山前平原为高效农业区，结合村庄绿化建立生态经济景观型农林复合经营模式。分别在石灰岩类型区和花岗片麻岩类型区建立了两个复合农林业配套技术试验示范区，新造、完善配套各种农林复合模式试验示范林 $1.28km^2$，保存率85%以上，水土流失量减少30%，农林业收入增长20%～30%。通过对太行山低山丘陵区适生优良乔、灌、草植物的调查、选引，在考虑生物学、生态学习性的基础上初步筛选出太行山低山丘陵区复合农林业系统适生乔、灌、草植物30余种（包括品种）。从持续发展的观点出发，采用灰色系统理论中预测型灰色线性规划方法确定了一个单元内（济源试区）农林牧协调发展的适宜比例。确定了试验区复合农林业功能区的空间布局，为当地生产部门的产业结构调整提供了可借鉴依据。从可持续发展的角度提出复合早期、后期配置模式，筛选出优化复合农林业结构配置模式18个，其中9个农林复合模式、6个树图保持林模式（包括坡基阻水林带模式）、3个农林复合地埂生物工程模式。

在广东海岸复合农林业综合配套技术方面，主要进行了亚热带海岸带优良适生树种的选择、复合农林业营造林网配套技术和复合农林业高效经营模式的构建及结构和效益的优化、复合农林业储蓄经营和开发利用研究。解决的主要关键技术有：① 树种问题，树种是复合农林业的重要特点，根据沿海地区对防护林的迫切需要，解决了亚热带海岸带复合农林业优良适生树种选择和防护林网的配置技术；② 结合沿海地区发展高效农业和创汇农业的情况，结合市场经济的需要，解决了亚热带海岸带复合农林业高效经营模式的构建和配置技术；③ 复合农林业持续经营与开发利用技术。

在四川盆地低山丘陵区稳定高效防护林体系建设综合配套技术方面，主要取得了以下成果：

（1）土地利用结构和林种、树种结构调整技术。长江防护林一期工程建设是在保持原有不合理的土地利用结构基础上，采用"填充"原则，应用乡土树种在原有林业用地和四旁隙地上绿化造林。但由于大量坡耕地、丘陵高台旱地的存在，区域水土流失仍然严重。为此，需进一步调整土地利用结构，开展坡耕地退耕还林，营建高台旱耕地农林复合业；同时进一步调整林种、树种结构与配置，以有效遏制区域水土流失并提高防护林体系稳定性与生态经济效益。应用上述技术对阆中市各乡镇的土地利用和林种、树种结构进行了调整，使生态效益与经济效益指标均得到显著提高。

（2）柏木水土保持林分结构调整技术。针对四川盆地嘉陵江流域长江防护林一期工程新造柏木（柏含混交林）幼林多、密度大、林木生长不良、林分质量不高等问题，通过强度、中度、弱度3种优化密度调控试验揭示了：随着间伐强度的增加，林木单株营养面积增大，林木的胸径、树高年生长率加快；间伐强度由34%增加到64.8%，林木胸径增长率从19.5%增至70%；高生长率从10%增加到89%。物种的丰富度、多样性指数、均匀度等也随间伐强度的增加而增加，但均在土壤流失范围内；间伐后第二年，各种间伐强度之间土壤流失差异很快减少。相关研究结果证实了对于四川盆地人工营造的柏木纯林，可以通过调控密度诱导向近自然的混交林演替，对于增进防护林的稳定性、提高防护林功能具有重要意义。

（3）农林复合系统林带结构优化调控技术。针对四川盆地丘陵农区，坡地台坎林带与台土农作物复合类型广布，在长江防护林一期工程建设中在台土边坎营造了以柏木等高大乔木为主的护坎林带，林带与台土农作物之间矛盾较为突出等问题，开展了不同坡向和强度的林带结构调整实验，研究了台坎坡地林带与台土农作物之间的光胁迫、水分胁迫及养分胁迫等农林复合关系；探讨了林带结构调整强度与辐射强度、水土流失的关系；分析了林带结构调整后耕地的土壤水分利用情况、趋势以及农作物容量之间的关系等，提出了坡地林带结构的优化调整技术。

（4）农林复合模式分类系统与优化选择技术。四川盆地丘陵农区在长江防护林建设竣工后，构成了一个巨型的农林复合生态系统，针对这一系统组成结构与功能作用的复杂多样性，在系统调查、总结的基础上，研究提出了该区农田林网型、坡地林带型、山地林药型、林农间作型和庭园复合型5个类型共计30个农林复合模式的分类系统；分析了主要复合配置模式的生物生产力、投入产出、光能利用、劳动力利用等因素，提出了农林复合模式优化选择的3项原则（模式稳定、结构合理、效益较高），建立了以经济效益为中心、兼顾生态与社会效益的3个层次8项指标的效益综合评价指标体系，筛选出了黄花、黄豆、白三叶、杂交酸模等优良经济作物与牧草等作为复合配置种植材料，提出了枣、柿、核桃（*Juglans regia*）、油橄榄、银杏、香椿（*Toona sinensis*（A.Juss.）Roem.）+ 地埂桑等优化模式及其营建配套技术。

上述技术成果是在系统总结四川盆地嘉陵江流域低山、丘陵区防护林建设及各地调整结构发展特色产业的现有成果和经验基础上，通过优化选择提出来的，对于指导当前退耕还林工程、生态治理工程和各地开展产业结构调整具有现实意义。

（5）经济林基地建设技术。该研究主要在示范县——四川阆中开展，其主要成果有：阆中市经济林木生产发展区划；引种栽培枣、柿、花椒（*Zanthoxylum bungeanum* Maxim.）、杜仲（*Eucommia ulmoides*）、桃、李等13个树种计43个品种，通过初期成活、保存、生长及结实等指标初步筛选出适应本区发展的主栽树种及品种计10个，并建立了良种繁殖圃。其中，枣、梨、柿等经济林木优良品种已成为阆中市、南充市和川北地区经济林基地建设和退耕还林工程的主栽品种。研究提出了退耕还林地宽带密植枣园、矮化密植梨园的丰产栽培技术。

四、重大应用成果

"八五"期间，"长江中上游防护林体系生态经济效益评价技术研究"以及"太行山石灰岩区生态林业工程模式研究"受到国家"八五"科技攻关林业重大科技成果表彰。

1998年，"长江中上游典型流域防护林水土保持与水文效益信息管理系统"获国家林业局科技进步奖二等奖。

1997年，"黄土高原抗旱造林技术"获国家科技进步奖二等奖。

2000年，"黄土高原昕水河流域生态经济型防护林体系模式系统研究"获国家科技进步二等奖和林业部科技进步奖一等奖。

参考文献

［1］朱廷曜. 防护林体系生态效益及边界层物理特征研究［M］. 北京：气象出版社，1992.

［2］程积民，万惠娥. 中国黄土高原植被建设与水土保持［M］. 北京：中国林业出版社，1992.

［3］李文华，赖世登. 中国农林复合经营［M］. 北京：科学出版社，1994.

［4］费世民. 四川盆地浅丘区农林复合系统空间结构的景观生态学初步分析［J］. 四川林业科技，1994（1）：1–7.

［5］李广毅，高国雄，尹忠东. 国内外关于防护林体系结构研究动态综述［J］. 水土保持研究，1995，2（2）：70–78.

［6］李绍忠. 北方泥质海岸防护林生态工程的研究［J］. 应用生态学报，1996，7（2）：122–128.

［7］王斌瑞，王百田. 黄土高原径流林业［M］. 北京：中国林业出版社，1996.

［8］祝小科，朱守谦. 乌江流域喀斯特石质山地植被自然恢复配套技术［J］. 贵州林业科技，1998（4）：7–14.

［9］刘德辉，梁珍海. 泥质海岸防护林对滩涂土壤的改良效果研究［J］. 土壤通报，1998（6）：245–247.

［10］邵爱英，吴燕. 宁夏平原农田防护林几种树种配置模式综合效益的初步研究［J］. 北京林业大学学报，1998（4）：48–53.

［11］巫启新，夏焕柏. 云贵高原东部乌江流域生态经济型防护林体系建设技术研究［J］. 贵州林业科技，1998，（2）：1–20.

［12］陈林武，王鹏，余树全. 四川盆地生态经济型防护林体系分类探讨［J］. 西南林业大学学报，1999，19（3）：151-155.

［13］梁嘉陵，王非. 低山丘陵区果农复合生态经营模式［J］. 东北林业大学学报，1999，27（4）：63-66.

［14］朱清科，沈应柏，朱金兆. 黄土区农林复合系统分类体系研究［J］. 北京林业大学学报，1999，21（3）：36-40.

［15］祝小科，朱守谦. 乌江流域喀斯特石质山地人工造林配套技术［J］. 贵州林业科技，1999（1）：12-15.

［16］祝小科，朱守谦，刘济明，等. 乌江流域喀斯特石质山地人工造林技术试验［J］. 山地农业生物学报，1999（3）：138.

［17］陈立新，赵雨森，张岩，等. 造林整地对栗钙土钙积层化学性质干扰的研究［J］. 应用生态学报，1999（2）：32-35.

［18］李兴业，赵岭，许成启，等. 黑龙江省西部平原缓丘农区复合农林业综合配套技术研究与示范［J］. 防护林科技，2000（3）：1-16.

［19］袁正科. 湘南丘陵区防护林体系建设配套技术研究与示范综合报告（一）——背景、方法与趋势［J］. 湖南林业科技，2000（3）：1-10.

［20］张洪江，高中琪. 三峡库区多功能防护林体系构成与布局的思考［J］. 长江流域资源与环境，2000，9（4）：479-486.

［21］赵雨森. 半干旱退化草牧场造林立地类型划分、评价与适地适树研究［J］. 中国生态农业学报，2001，9（3）：31-34.

［22］段文标，赵雨森，陈立新. 草牧场防护林综合效益研究综述［J］. 山地学报，2002，20（1）：90-96.

［23］齐实. 宁夏南部黄土丘陵区水土保持与农业可持续发展［M］. 郑州：黄河水利出版社，2003.

［24］孟平，张劲松. 太行山低山丘陵区果—草复合系统生态经济效应研究［J］. 中国生态农业学报，2003，11（2）：111-113.

［25］孟平，张劲松，樊巍. 中国复合农林业研究［M］. 北京：中国林业出版社，2003.

［26］王世忠，郭浩，李树民，等. 辽西地区几种农林复合型水土保持林模式的研究［J］. 林业科学，2003，39（3）：163-168.

［27］宋西德，刘粉莲，罗伟祥，等. 西北黄土丘陵沟壑区防护林网络体系概念及其配置模式［J］. 西北林学院学报，2003，18（1）：71-73.

［28］吴发启，刘秉正. 黄土高原流域农林复合配置［M］. 郑州：黄河水利出版社，2003.

［29］杨建民，黄万荣. 经济林栽培学［M］. 北京：中国林业出版社，2004.

［30］朱金兆，周心澄，胡建忠. 对"三北"防护林体系工程的思考与展望［J］. 水土保持研究，2004，11（1）：79-85.

［31］王百田，贺康宁，史常青，等. 节水抗旱造林［M］. 北京：中国林业出版社，2004.

［32］樊巍，田朝阳. 太行山低山丘陵区抗旱造林及水分管理技术［J］. 浙江农林大学学报，2004，21（4）：398-403.

［33］秦永胜，刘松，余新晓，等. 华北土石山区水源保护林小流域土壤侵蚀过程的模拟研究［J］. 土壤学报，2004，41（6）：864-869.

［34］杨锋伟. 黄土高原林业生态建设需水定额与人工林抗旱节水技术研究［D］. 北京：北京林业大学，2005.

［35］秦琴，杨晓红，王春华. 菌根生物技术在退化草地生态系统中的意义［J］. 生物技术通报，2006（s1）：225-228.

［36］潘磊，肖文发，唐万鹏，等. 三峡库区低山丘陵区防护林体系建设布局［J］. 中国水土保持科学，2006，4（1）：60-64.

［37］薛家翠，曾祥福，黎曙光，等. 三峡库区长江防护林模式的研究［J］. 水土保持研究，2006，13（6）：37-40.

［38］王金锡. 长江中上游防护林体系生态效益监测与评价［M］. 成都：四川科学技术出版社，2006.

［39］吴晓婷，陈亮中. 农林复合系统分类体系与研究方法综述［J］. 林业调查规划，2006，31（3）：101-104.

［40］魏天兴，朱金兆，张建军，等. 水分平衡基础上的小流域水土保持林配置模式探讨［J］. 水土保持研究，2007，14（1）：179-183.

［41］李春静，徐晨光. 基于 GIS 技术的农田防护林空间配置研究［M］. 郑州：黄河水利出版社，2007.

［42］鲁绍伟，陈吉虎，余新晓，等. 华北土石山区不同林分结构与功能的研究［J］. 水土保持学报，2007，21（4）：77-80.

［43］祁有祥，沈光涛，苏亚红，等. 宁夏回族自治区林业生态建设区划研究［J］. 水土保持研究，2007，14（5）：197-199.

［44］林武星，叶功富，谭芳林，等. 沙岸木麻黄（*Casuarina equisetifolia*）防护林不同更新模式土壤结构分形特征及其效应［J］. 中国生态农业学报，2008，16（6）：1352-1357.

［45］高英旭，刘红民，张敏，等. 辽西低山丘陵区农林复合经营的效应［J］. 辽宁林业科技，2008（1）：31-34.

［46］王兵. 林业生态建设要加强生态系统长期定位观测研究［J］. 中国科技论坛，2008（2）：8.

［47］王兵，鲁绍伟. 中国经济林生态系统服务价值评估［J］. 应用生态学报，2009，20（2）：417-425.

［48］王百田. 林业生态工程学［M］. 北京：中国林业出版社，2010.

［49］马浩，周志翔，王鹏程，等. 基于多目标灰色局势决策的三峡库区防护林类型空间优化配置［J］. 应用生态学报，2010，21（12）：3083-3090.

［50］朱金兆，贺康宁，魏天兴. 农田防护林学［M］. 北京：中国林业出版社，2010.

［51］吴德东. 区域防护林构建及更新改造技术［M］. 沈阳：辽宁科学技术出版社，2012.

［52］马利强. 农林复合系统可持续经营研究［M］. 北京：北京理工大学出版社，2012.

［53］景峰，朱金兆，张学培，等. 滨海泥质盐碱地衬膜造林技术［J］. 生态学报，2012，32（1）：326-332.

［54］裴男才，陈步峰，吴敏，等. 广州市南沙区海岸防护林群落构建技术研究［J］. 生态环境学报，2013，（11）：1802-1806.

［55］陈丽华，张志强，贺康宁. 水源涵养林［M］. 北京：科学出版社，2014.

［56］解婷婷，苏培玺，周紫鹃，气候变化背景下农林复合系统碳汇功能研究进展［J］. 应用生态学报，2014，25（10）：3039-3046.

［57］张进海，陈冬红，段庆林. 中国西北发展报告［M］. 北京：社会科学文献出版社，2014.

撰稿人：贺康宁　史常青　田　赟　李　莹

ABSTRACTS

Comprehensive Report

Advances in Soil and Water Conservation & Desertification Combating

Land and water resources and ecological environment are at the foundation of humanity's multiplication and are the conditions of irreplaceable material base on the process of social development and progress.The sustainable use of soil and water conservation and maintain the sustainable development of ecological environment to achieve are the basic requirement for a sustainable development of our society and economic.The severe soil and water loss not only causes resource destruction, ecological and environmental deterioration, aggravated all kinds of natural disasters and poverty and the crisis of homeland and national ecological, but also which has strongly restricted the sustainable development of social economy.As the irreplaceable basic resources and critical precondition for sustainable development, land and water resources and ecological environment are two major constraints for urgent solution with the implementation of the strategy of sustainable development.Soil and water conservation is closely related to human survival and development.Soil and water conservation has the function of protection against and mitigation disasters, protection and nurture resources, restoration, regulation and improvement of ecology, promotion economic development, promotion social progress, etc, make it has a unique advantage and important status in promoting ecological, economic and social sustainable development.

The soil and water conservation and controlling soil and water loss are an indispensable and effective means of protecting and rationalizing water and soil resources, maintaining and improving the ecological environment, which are an important guarantee for sustainable development.The discipline of soil and water conservation and desertification combating (hereinafter referred to as soil and water conservation discipline) as a multidisciplinary and interdisciplinary subject, the research areas include soil erosion mechanism and process regulation, space allocation of shelterbelt system, occurrence and control of desertification, ecology protection and engineering afforestation of construction projects, and so on.The water conservation discipline in our country starts as earlier as 1958.The first master program of soil and water conservation was established in 1981, and the first ph.d program in 1984.The soil and water conservation discipline was affirmed as the first national key discipline in 1989, and further affirmed as national key construction discipline in 2001.

During the 12th Five-Year, the Chinese government has adopted a series of measures in improvement of soil and water conservation legislation, preventing and control of soil erosion and protection of water resources.Watershed management at local scale has been nationwide conducted mainly by using the small watershed unit and integrated planning work of different types of ecosystems and landscapes.This ensures the accelerated development of ecological civilization construction and sustainable economic and social development.In October 2015, the State Council approved the "national soil and water conservation planning (2015—2030)". This planning thoroughly analyzed the state of the art and the developing trend of the soil erosion prevention and control in China.It raises an overall layout and the main monitoring tasks at the national level in soil and water conservation zoning, key water and soil erosion control area and soil and water conservation goals.The monitoring works of soil and water conservation and the capacity of related institutions has been accordingly well promoted, Furthermore, the inclusion of indicators of soil erosion and water loss warning, and integrating the increased area of soil and water conservation into the national green development index are the important basis for the evaluation of ecological civilization construction at national level.The report of the 19th National Congress of the Communist Party of China proposed many measures for ecological civilization construction, such as implementing comprehensive reclamation of river basin and offshore area, determining the boundaries for ecological protection red line, permanent capital farmland, and urban development, and improving the rehabilitating system of cultivated land, grassland, forest, river and lake.These measures were all based the existing soil conservation polies and ecological environment management.The comprehensively systematic governance of mountain, water, forest, cropland, lake and grass in the report especially highlights the critical position of soil and water conservation in ecological civilization construction.

Soil and water conservation not only is the cornerstone of green development, but also an important part of China's ecological civilization.Soil and water conservation "work in the contemporary, beneficial future generations". In the next 10—20 years, China will build a basically comprehensive prevention and control system for water and soil loss compatible with China's economic and social development and basically achieve prevention and protection. Soil and water loss in key areas will be effectively managed for prevention and control, and the ecology will further improve.We will improve the comprehensive prevention and control system for soil and water loss compatible with China's economic and social development so as to achieve overall prevention and protection.Soil and water loss in key areas for prevention and control will be fully governed and a virtuous cycle of ecology will be achieved.The key areas are eight areas, namely, the northeast black soil area, the north wind sand area, the north earth rock mountain area, the northwest loess plateau area, the southern red soil area, the southwest purple soil area, the southwest karst area and the Qinghai Tibet plateau area.We should vigorously strengthen prevention and protection, push forward to comprehensive management, improve the level of monitoring and informatization, build the demonstration area meticulously, and strive to build institutional mechanisms compatible with the requirements of ecological civilization construction, and promote the systematic governance of "landscapes, forests, lakes and grasslands".

In accordance with the norms of the Subject Development Report of the Chinese Association for Science and Technology, we systematically reorganize the follow contents including history, existing conditions, existing problems, the development of this subject and the tightness between cultivating talents and the social services of this subject.Moreover, we review the theory, technical research and major applying results of Soil and Water Conservation, in aspect of soil erosion, karst rocky desertification, mountain disaster prevention, Forestry ecological Engineering.This report strives to cover the overall progress and advanced results of Soil and Water Conservation subject.

Due to the limited time, omissions and improper descriptions are unavoidable.We earnestly request criticism from peer institutions and readers public.

Reports on Special Topics

Advances in Soil Erosion

Soil erosion is a worldwide concern for the sustainable management of agricultural land.Rates of soil erosion from agricultural areas are often one to two orders of magnitude higher than the combined rates of soil production and losses from non-agricultural areas.This chapter aims to synthesize about a century's progress and knowledge on soil erosion concepts, evaluation indicators, and temporal - spatial variation, to identify how to quantify soil erosion and further research challenges.Sedimentation is one of the leading causes of water quality impairment of surface water bodies.This degradation of soil can devastate crop yields and cause famine and starvation.In agricultural watersheds, soil erosion is a systemic problem that has existed to various degrees ever since man became engaged in agricultural practices science 9000 years ago. Because of man's poor land use practices, severe soil erosion problems developed, landscape degraded, livelihood on the land diminished, and civilizations disappeared.There is ample historic evidence of the disastrous consequences of severe soil erosion, as may be concluded from observations in an around the Mediterranean Basin, the Chinese Loess Plateau, in the countries of Eastern Africa, and many other places in the world.Natural runoff plots and research watersheds were established to monitor soil erosion from land in various agricultural practices to determine their erosion control effectiveness, to clean up silted-up stream systems and channels, to prevent or reduce flooding hazards, to support and encourage reforestation programs, and to put in place mechanical erosion control practices such as contouring, strip cropping, and terraces.With these programs, applied and fundamental research was conducted to develop and improve monitoring and measurement techniques, to gather databases, and to develop and refine analytical capabilities for better conservation techniques.As time progressed, process oriented models were developed in the latter part of the 20th century models for erosion prediction, first the USLE (Universal Soil Loss Equation) for applications on upland areas to preserve the soil productivity and subsequently models that included the stream system such as AGNPS (Agricultural Non-Point Pollution System) and SWAT (Soil Water Management Tool) .In recent years, there is increasing concern about the stability of earthen dams built to protect landscapes from flooding and to provide water for irrigation and for domestic and industrial use.This chapter describes the more recent aspects of these newly advances.While the primary purpose of this chapter is to serve as a guide to new technologies to erosion and sedimentation prediction and control, a discussion of the background and the physics of these problems is essential in order to understand the shortcomings and to evaluate the technology and techniques used.

Written by Wang Bin

Advances in Watershed Governance

Watershed is a product of nature as a natural catchment unit.However, with the increase of population, in order to survive and develop, the soil and water loss and environmental pollution in the basin are more and more serious.The comprehensive management of small watersheds has become the focus of the future construction of ecological civilization.This report reviews and summarizes a large number of related literatures at home and abroad, summarizes the progress of research on basin governance theory, major advances in technology research and major application results so as to provide references for both domestic and overseas basin management researchers and river basin management practices.

The research progresses of watershed management theory include the ecological cleanup of small watershed, the allocation of soil and water conservation measures in each district, the ecological restoration of rivers, the influencing factors of river ecosystems, the classification and application of soil and water conservation projects, etc.The comprehensive management of small watershed will coordinate the development of man and the environment and live in harmony with nature as the guiding ideology and put forward the concept of ecological clean watershed and divide them into ecological restoration area, ecological management area and ecological protection area for necessary defense, arrangement and management of measures. Most of the theoretical researches on river restoration focus on the basin scale.The research on the mechanism of river restoration belongs to the preliminary stage, and some mechanisms are still not clear yet and needs further study.China's soil and water conservation projects are divided according to the role of construction, there are four main categories: the first is the hillside soil and water conservation projects, the second is the channel management project, the third is the mountain torrent steer diversion project, the fourth is a small reservoir water storage project.

Major advances in technology research include ecological forestry technology, estuarine sediment management technology, tracing technology, water-saving irrigation technology and 3S technology.The digital elevation model and principle and application of SWAT model are also introduced.The application of ecological forestry technology to the basin management can improve the climatic conditions in the basin.Now a complete technical model has been formed and the researches on structural adjustment, tending and management of forest species have been conducted.Quantitative study of estuary sediment diffusion method can be divided into two categories: one is the direct measurement of sediment in water (or sediment closely related substances) content, combined with water conditions, calculate the amount of sediment transported by the water body, the majority We can only give a quantitative estimate of the sediment diffusion in the short term or the estimated data of the direction and distance of sediment diffusion.The other is to obtain the sediment diffusion rate indirectly by measuring the deposition rate of sediment in the study area and Quantitative estimates of sediment dispersal over long time scales can be obtained.3S is RS, GPS and GIS these three independent and mutually supportive high-tech general term.The integration and application of 3S technology have been widely developed both at home and abroad, and at the same time, they will also promote the widespread application of the technology in watershed management.

The major application achievements mainly include the effectiveness of eco-clean small watershed construction, achievements in application of technology and achievements in application of soil and water conservation.In watershed management, a number of typical small watersheds with high technology content and strong demonstration effect are built in the surrounding mountainous areas of important cities such as Beijing with theoretical knowledge, technology and innovation.Ecological clean small watershed formed a "three defense line" mode of governance, "three levels, four defense zones" governance model to water conservation as the core, non-point source pollution control as the key management.Tment mode, with safety as the focus of a comprehensive harnessing governance model Other applications.

China's small watersheds spread all over the country.At present, the comprehensive management of small watersheds is mainly to prevent water and soil loss, with an emphasis on building ecological systems.Taking full advantage of various technologies for comprehensive management of small watersheds, the idea of agro-ecotourism planning in comprehensive management of small watersheds not only benefits the construction of ecosystems but also benefits agricultural modernization.

Written by Cheng Jinhua

Advances in Karst Rocky Desertification

Rocky desertification in Karst area is one of the most critical problems, which hinders the economic development and ecosystem rehabilitation in Southwestern China.According to the investigation data and report of China National Forestry Administration, Karst rocky desertification is widely distributed in Guizhou(25.2%), Yunnan(23.7%), Guangxi(16.0%), Hunan(11.9%), Hubei(9.1%), Chongqing(7.5%), Sichuang(6.1%), Guangdong(0.5%). The scholars and governments have conducted significant approaches to prevent and control Karst rocky desertification in Southwestern China since 2000s.This chapter aims to summarize the progress of theoretical and technical studies for Karst rocky desertification in Southwestern China, including Introduction, Theoretical research, Technology advances, and Application case studies, respectively...

Specifically, section 1 (Introduction) is about the definition of Karst rocky desertification, the overview of investigation and management of Karst rocky desertification, and the characteristic of Karst rocky desertification distributions in China. The early definition of Karst rocky desertification by Yuan D.X. and Wang S.J. is as follows: Karst rocky desertification is a process in which soil is eroded seriously or even thoroughly, so that bedrock is exposed widespread, carrying capacity of land declines seriously, and at last, landscape appears similar to desert under violent human impacts on the vulnerable eco-geoenvironment. Karst rocky desertification is thought to be a special type of land degradation, which also represents the extreme situation of land degradation in Karst area. But, the author believes that the concept of rocky desertification needs to be further defined. Land in Karst area are classied into two types: rocky desertificationland and potential rocky desertification land.

In section 2 (Theoretical research), the classifications, formation causes, and consequences caused by Karst rocky desertification are described. Generally, two main types and five levels of land in Karst rocky desertification regions are classified in Southwestern China, mainly according to the percentages of bedrock exposure and/or vegetation coverage. The two types of land in Karst area are divided into rocky desertification land and potential rocky desertification land. On the other hand, human activities and natural conditions, including environment, ecology, geology, are thought to be primary aspects in causing Karst rocky desertification in Southwestern China, hereinto, human activities intensify the forming of Karst rocky desertification. The hazards caused by Karst rocky desertification would lead to serious problems and limitations to human lives, local economic development, ecosystem, dam security, etc.

In section 3 (Technical progresss), the biological measures, engineering measuers and engineering measures combining with biological measures for Karst rocky desertification are presented. The biological measures are based on protection of trees, grass, and eco-agriculture applications in Karst area. The engineering measures applly via engineering constructions, such as terraced plowing, grain for green project, water reservoir and dam building, groundwater developing program. The combined measures of biology and engineering mainly consists of clean-energy project, ecological migration, ecological industry development, environmental awareness education for rural residents. By using these treatment strategies and technologies, the Karst rocky desertification in Southwestern China could be properly controlled and treated.

In section 4 (Application case studies), two cases of successful treatment and management of typical Karst rocky desertification regions are analyzed. The case No.1 is from Huajiang valley of Guizhou Province, in which the economic values of product supply, soil conservation, water conservation, carbon fixation and oxygen release, fertility preservation and improvement were separately calculated.The variations of service values for the Huajiang valley were illustrated for the situations before and after treatment and management.The case No.2 is Guohua Demonstration Area in Pingguo County, Guangxi Zhuang Autonomous Region, in which the values of total income, water conservation, soil conservation, carbon fixation and oxygen release, education and research were calculated individually.Also the variations of service values before and after treatment were compared, showing an obvious increasing trend of Karst ecosystem service function economic values.The two treatment cases indicate remarkable effectiveness of above-mentioned technologies and engineering measures in controlling Karst rocky desertification in Southwestern China, which also provide important implications for rocky desertification controlling all over the world.

Written by Zhou Jinxing

Advances in Mountain Hazards Mitigation

The researches about mountain hazards mitigation in China have been developed for a long time. The first experience of hazard mitigation in China can date back to the second year after the foundation of PRC.The Professor Junwei Guan, a professor in Beijing Forestry University, was one of the first scholars who carried out comprehensive mitigation debris flows and floods.After that, some field observation stations, such as the Dongchuan Debris Flow Observation and Research Station, National field observation and Research station of Landslides in Three Gorge reservoirs of Yangte River Sanxia were established.These stations have contribute greatly to the development of hazard mitigation in China.

In retrospect to the experience and continuous work of Chinese scholars and new findings abroad, the research about mountain hazards can be briefly drawn as follows:

(1) The initiation mechanics, predication and forecasting models as well as entrainment mechanics of debris flows are well developed.Some issues about the high velocity landslides are further studied by domestic scholars.The forecasting grade level of rainfall –induced debris flows, shallow landslides, floods was proposed and three kinds of forecasting methods were proposed.Several mitigation strategies, such as the comprehensive mitigation, stabilizing material resources, draining water were defined.

（2）The stability analysis method of soil and rock landslide were improved, which have been used in the new foundation of some huge projects, such as the Sanxia reservoir, the hydroelectric（power）station along Jinsha River.The mechanics of high-speed landslides was further studied by focusing on the excess pore pressure at varied temperature and shear speed. Additionally, an impressive progress in knowledge about the rock failure were obtained and energy loss method in mitigation rock falls were successfully used in practice.

（3）The research role of plants in mitigating shallow landslides, slides, debris flows are still in progressing as most studies focus on the mechanical mechanisms, e.g., reinforcement in shear strength of soil-root blocks.Few studies examined both the mechanical mechanisms and hydrological mechanisms.Estimation the reinforcement effect of hill slope stability obtained advanced progress in relatively accurate model.

（4）Among the several hazard emergency projects, a new method, termed as the "water-rock separation", has been successfully used in mitigation the Wenjia debris flow hazards, Sichuan province.This project attracted lots of famous scholars who have long with such hazard types. Another successful example is the Lianziya Avalanche, which is located on the steep slope of Yangtze River.

Written by Ma Chao

Advances in Forestry Ecological Engineering

Forest is a key element in soil and water conservation.Forest science and forestry technology are fundamental to achieve a healthy and resistant ecosystem.Since 1949 the founding of new China, the Chinese government has put great efforts to develop forestry science and forestry construction in China.The establishment and continuous improvement of forestry scientific research system and management institution has been enabling the successful implementation of a wealth of national research programs in the field of forestry, and promoting the development of forestry science and technology.Significant progress in both fundamental and technical forestry research has been achieved by the efforts of numerous scientific researchers.These research outcomes are the key scientific theories and technologies in driving the remarkable improvement of the ecological conservation and restoration, as well as improving the environmental conditions in China.Particularly since the 7th five year plan, forest science and forestry ecological engineering has been gained national supports at a consistent high level.There are a number of theory breakthroughs in forestry ecological engineering, mainly in establishment of different types of protective forests with diverse ecological functions, optimization of forest structure and components, comprehensive and integrated benefit evaluation of afforestation/ reforestation programs and site classification.Meanwhile, many key forestry technologies have been developed to in practice to restore the degraded landscape in China.These key forestry technologies may include but not restricted to a range of afforestation technology in building ecological shelterbelt and restore forests at adverse site in the aim of prevent soil erosion and protect water.These achievements are the critical contributions to ecosystem restoration in China, which also has a significant implication at global scale.

Written by Shi Changqing

索 引